한옥목수랑 떠나는 남해안 문화유산 순례

시골마을 오래된 건축 뜯어보기

한옥목수랑 떠나는 남해안 문화유산 순례
시골마을 오래된 건축 뜯어보기

발행일 2022년 1월 25일
지은이 정종남
펴낸이 윤혜숙
펴낸곳 (주)피오디컴퍼니
출판등록 2013년 7월 29일(제2013-000051호)
주소 서울시 용산구 청파로47 나길 7 청파프라자 3층
전화 02-715-4857
팩스 02-715-0216
이메일 podcompany1@gmail.com
www.podcompany.kr

ⓒ 정종남 2022
ISBN 979-11-91463-02-6 (93540)

가격 18,000원

이 책은 한국공예·디자인문화진흥원의 지원금을 받아 만들었습니다.

한옥목수랑 떠나는 남해안 문화유산 순례

시골마을 오래된 건축 뜯어보기

베네치아 북스

머리글

한국에 온 외국인 관광객들은 뜻밖에도 전통과 현대가 어우러진 서울이 인상적이라고 한다. 번잡한 빌딩 숲 한가운데 수백 년 된 고궁이 군데군데 뒤섞인 모습에서 유서 깊은 전통 도시의 면모를 보는 것 같다. 비좁은 도심에 5개나 되는 궁궐과 종묘, 성곽까지 갖추고 있으니, 동양 건축이 익숙하지 않은 여행자에게는 신선한 모양이다. 탈서울 귀촌자인 나로선 처음에는 이 뉴스가 더 신선했지만, 생각해보니 그럴만하다. 충분히.

여행지에서 마주하는 오래된 건축은 그곳의 다른 풍경들과는 구별되는 특별한 감흥이 있다. 낯선 풍경이 주는 감각 자극만으로도 여행은 신나지만, 건축에 담긴 문화와 풍습, 역사정보가 더해지면, 평면적이던 자극에 입체감이 생기고 풍성해진다. 나도 비슷한 경험이 있다. 이집트 나일강 옆 주택가와 피라미드의 경이로운 감동이 그랬고, 인도 타지마할 궁전도 강렬했다. 오래된 건축은 마치 여행지의 증강현실 장치같이 매력적이다.

이 책은 남해안 문화재 이야기다. 바닷가 시골 마을에 흩어진 오래된 건축을 돌아보며, 여러 궁금증을 풀어본다. 그 건축물이 왜 거기에 있고 그런 모습을 하고 있는지, 어떻게 만들고 사용했는지 설명한다. 집을 짓는 한옥 목수의 시각으로 한국건축 구조이론과 문화재 보수 실무이론에 기대서 한 발 들어가 설명한다.

여기 20곳의 건축물들은 남해안 왼쪽 7개 시군에 집중되어 있다. 고택, 정자, 사찰, 석탑, 돌다리, 원림(지금의 전원주택이나 별장), 향교, 객사, 읍성 같은 다양한 문화유산을 골고루 다루고 있다. 일부 명승과 동백꽃 군락지 같은 자연유산도 포함했다. 대부분 내가 사는 곳에서 한 시간 남짓이면 다닐 수 있는 거리로, 시골 마을 체류 여행 취향에 맞췄다.

책이 나오기까지 도움 준 분들께 고맙다. 출판사 부부와 디자이너님, 표지 그림을 선물해준 지인, 지도 작업을 맡아준 친구에게 고맙다. 이 책은 한국공예·디자인문화진흥원의 지원으로 만들었다. 한적한 남해안 시골 마을에서 느긋하게 한국건축을 감상하고 싶은 사람에게 도움 되길 바라는 마음이다.

장흥 촌집에서 저자.

2022년 1월

차례

지역별 찾아가기

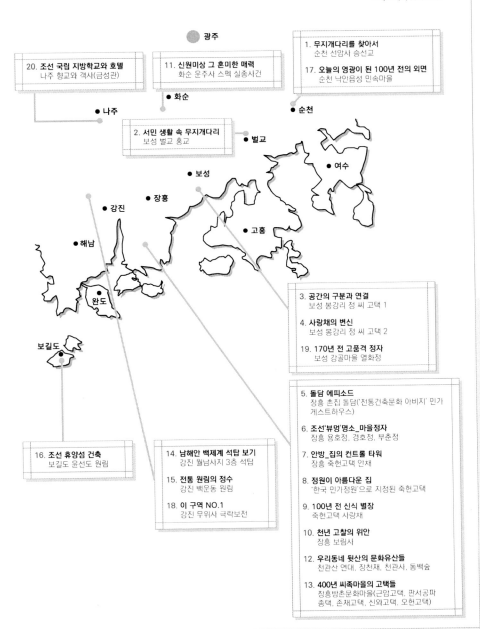

한옥목수랑 떠나는 남해안 문화유산 순례

시골마을 오래된 건축 뜯어보기

1

—

무지개다리를 찾아서
순천 선암사 승선교

오랜만에 무지개를 봤다. 아니, 차라리 '만났다'는 편이 낫겠다. 먼 하늘 한편에 언뜻 비치는 손바닥만 한 그런 무지개 말고 이렇게 딱 눈앞에서 마주친 초대형은 처음이다. 장마가 폭염으로 바뀌는가 싶던 지난여름 어느 해 질 녘이다. 지나가는 소나기가 뿌려놓은 공기 중의 미세한 물방울 입자에 노을빛이 부서져 뿌연 하늘 위로 오색빛깔 향연이 펼쳐진 것이다. 심사숙고를 마친 어느 대가가 마침내 자세를 바로 하고 조심스레 붓을 들더니, 단숨에 휙 그어버린 한 획처럼 무지개는 그렇게 무심히, 낮도깨비같이 홀연히 나타났다. 느닷없는 '저세상 풍경'에 황급히 차를 세우고 그 천연의 황홀경에 잠시 넋을 잃었다.

천관산에 걸친 무지개 (2021년 7월. 전남 장흥.)

　예고 없이 훅 왔다 금세 사라지는 무지개는 그래서 더 애가 닳는다.
물끄러미 쳐다보자니 영화 '쇼생크 탈출'의 한 장면이 떠오른다. 높은 담
벼락에 에워싸인 교도소 운동장의 침울한 정적을 깨고 뜬금없이 오페라
가 울려 퍼진다. 어슬렁거리던 수인들은 화들짝 놀라 얼어붙은 듯 걸음
을 멈추고 일제히 고개 들어 스피커를 쳐다본다. 갑자기 벌어진 초현실
적 상황. 당혹과 불안이 교차하는 일그러진 표정. 수초 간의 난감한 정적
이 흐르고. 곧이어 사람들은 자유로이 날아오르는 한 마리 새처럼 운동
장 하늘로 맑게 울리는 아름다운 노래에 점점 아득하게 빠져든다. 세상

과 단절된 수인들의 애환과 아리아의 서정이 극명한 대비를 이룬 이 명
장면에 흐르는 곡은 모차르트의 오페라 〈피가로의 결혼〉 중 '저녁 산들
바람은 부드럽게'다.

산들바람 이는 해 질 녘 들판에서 한 폭 그림인 듯 천상의 오페라인 듯
찬란한 무지개를 보고 나니 문득, 무지개다리가 생각났다. 오래전부터 가
보고 싶었던 순천 선암사 무지개다리를 보고 왔다.

무지개다리

한국 전통 건축에는 무지개 모양에 이름도 무지개다리인 구조물이 있
다. 무지개 '홍', 무지개 '예', 홍예교. 돌을 가공해 무지개 모양으로 쌓아
만든 것이 홍예교다.

의도한 것은 아니지만 앞의 무지개 사진은 홍예교 구조를 설명하기
쉽게 나왔다.

도로가 냇물이라면, 왼쪽 야산에서 오른쪽 천관산 정상까지 강물을 건
너는 무지개가 뻗쳐 있다. 강물 양옆의 언덕배기를 무지개 모양으로 연결
해 돌을 쌓고, 그 위로 걸어 다니는 평평한 길을 내면 홍예교가 된다.

돌로 만든 무지개 형태의 구조물은 다리 말고도 많다.

쉽게 볼 수 있는 예로 성곽의 출입문이 홍예 구조다. 광화문, 숭례문,
홍인지문 같은 궁성과 도성의 성문을 비롯해 지방 읍성 출입문에도 무지

개 형상이 많다. 겉만 봐서는 알 수 없지만, 내부 구조가 홍예 형태인 것도 있다. 조선시대에 전국의 관청이 얼음을 채취해 보관했던 석빙고도 돌을 홍예 구조로 쌓아 땅속에 공간을 만든 것이다.

또, 수원 화성에 가면 특별한 홍예 구조물을 볼 수 있다. 수원 화성을 남북으로 가로질러 흐르는 개천의 수문이 무지개 형태다. 화홍문으로 불린 이 수문은 보기 드물게도 홍예를 무려 7간짜리로 만들어 설치했다.

그러나 역시 가장 많이 사용된 홍예 구조물은 다리였다. 홍예교도 종류가 많다. 서민들이 일상으로 이용했던 자연석으로 만든 무지개다리에서부터 왕이 머무르는 궁궐의 홍예교나 꾸밈이 가장 화려한 불교 건축에 이르기까지 다양하다.

경복궁의 광화문을 통과해 들어가면 있는 영제교나 창덕궁의 금천교, 창경궁의 옥천교처럼 궁궐 정문 안쪽에 있는 궁궐 홍예교는 왕이 사용하는 시설답게 고급격식을 갖춘 예다. 이보다 훨씬 오래되고 더한층 격식 높은 고급 홍예 구조물도 있다. 경주 불국사 경내 진입문을 오르는 계단 밑의 홍예교(청운교, 백운교, 연화교, 칠보교)는 다리로서의 실용적 기능을 벗어나 종교적 상징을 나타내는데, 극강의 공을 들여 만든 사례로 유명하다.

이처럼 한국건축에서 무지개 형태 석조물은 여러 용도로 사용됐고 남아있는 유물도 풍부하다.

그중 순천 선암사 입구에 놓인 승선교는 전국의 홍예교 가운데 규모가 크고 아름답기로 손에 꼽힌다.

승선교. 불규칙한 자연 암반 위에 놓여 좌우 기단석 높이가 서로 다르다.
(2021년 7월. 순천)

'신선의 세계에 오르는 다리'

여행자를 압도하는 승선교의 아름다움은 입지에서 비롯한다. 흔히 홍예교들이 궁궐이나 읍성의 너른 대지 위에 들어선 것과 대조되게 승선교는 경관이 빼어난 깊은 계곡에 자리 잡았다.

사찰 경내를 향하는 계곡을 따라 거슬러 오르는 길이 암반이나 벼랑에 막혀 물을 건널 때 홍예를 틀고(돌로 무지개 형태의 구조를 축조하는 일) 다리를 놨다. 계곡 이편저편으로 길이 오가면서 다리는 두 개가 됐다. 아래쪽 작은 다리와 위쪽의 크고 웅장한 또 하나의 홍예교가 한 쌍을 이룬다.

승선교를 걷다 보면 '신선의 세계에 오르는 다리'라는 이름이 단지 허세는 아닌 듯하다. 계곡 주변의 비경과 홍예교의 조형미가 어우러져 마치 다른 세상에 들어선 기분이다.

승선교의 변칙적인 쌓기 방법은 한국건축의 구조에 관심 있는 사람에게는 또 다른 흥밋거리다. 대부분의 홍예교가 지반을 단단히 다진 평평한 바닥 위에 축조된 것과 달리 승선교는 바닥이 불규칙한 자연 암반 위에 만들었다. 바로 이 점 때문에 승선교는 다른 홍예교와 구별되는 특징을 갖게 된다.

승선교의 구조적 특징

　홍예교를 만들 때 무지개 형태로 쌓는 돌(홍예석)의 개수는 일반적으로 홀수를 이룬다. 그런데 승선교에 사용된 홍예석은 짝수여서 특이하다. 홍예교의 구조원리를 알면 왜 이렇게 됐는지 쉽게 이해된다.

　건축 구조적으로 볼 때 홍예교는 돌을 파거나 깎아서 나무처럼 짜 맞추지 않고, 쌓기만으로 독립적인 구조체를 이룬다. 석재는 압축력에 견디는 힘이 강하고 마찰력이 큰 재료다. 돌의 이 두 가지 성질만을 이용해 독립적인 구조체를 만든 것이 홍예교다. 원리는 단순하다. 여러 개의 주사위를 일렬로 붙여 세우고 양쪽 끝을 안으로 밀어 압축력을 가하면 주사위 여러 개를 통째로 들어 올릴 수 있다. 마찬가지로 일정하게 가공된 돌을 양쪽에서 쌓아 올리면서 생기는 압축력이 홍예교 가운데 돌들을 지지함으로써 무지개가 공중에 떠 있는 형상을 만든다. 석재의 특징과 장점을 가장 드라마틱하게 활용한 구조체가 바로 홍예교다.

　그런데 이때 무지개 형태의 한 가운데 솟아오른 부위의 돌이 쏟아져 내리지 않으려면 양쪽에서 가하는 압축력이 좌우 균형을 유지해야 한다. 즉, 양쪽의 같은 힘의 크기가 홍예교의 구조안정성에서 결정적 요소다. 이를 위해 거의 모든 홍예교가 중앙 돌을 중심으로 좌우 대칭 구조를 갖는다. 즉, 한가운데 놓이는 '홍예 종석'을 기준으로 좌우 돌이 같은 숫자를 이루고, 그 결과 홍예석 전체 개수는 홀수가 되기 마련이다.

그런데 승선교는 홍예석이 짝수를 이룬다. 이유는 양 측면 홍예석 맨 하단의 '선단석'이 놓인 자연 암반의 높이 차이 때문이다. 보통 평지에서 홍예교를 쌓을 때는 기초공사를 튼튼히 해서 땅의 버티는 힘(지내력)을 충분히 확보한 다음 양쪽에서 같은 높이로 한 단씩 돌을 쌓아 올라간다.

그러나 승선교는 별도 기초공사 없이 생긴 그대로의 자연 암반 위에 쌓으면서 변칙이 생겼다. 승선교를 축조한 석공들은 애써 암반을 깨 내는 수고 대신 그대로 사용하되 홍예석의 개수와 두께를 조절함으로써 힘의 좌우 균형을 확보한 것이다.

하중의 정밀한 계산은 물론 오차 없는 처리기법이 필수인 석조 공사에서 이처럼 대담하게 변칙을 구사한 석공들의 솜씨에 감탄하게 된다.

덕분에 인공과 자연미가 한 몸인 듯 어우러진 승선교만의 비경을 얻었다.

승선교 ('신선의 세계에 오르는 다리'. 2021년 7월. 순천)

시골마을 오래된 건축 뜯어보기

2

—

서민 생활 속 무지개다리
보성 벌교 홍교

건축은 생활의 필요를 충족하는 실용적 기능 말고도 인류 역사 오랫동안 상징을 포함했다. 한 시대에 널리 통용된 상징은 시간이 흐르고 사람들의 상식이 바뀐 다음 시대에는 미신으로 여겨지거나 이상하게 생각되기 쉽다. 그러나 건축 감상은 결국 특정한 시대를 엿보며 힌트나 영감을 얻는 일이기도 하다. 상징도 있던 그대로 존중하고 보면 구조물이 왜 거기에 그 모양으로 만들어졌는지 아는 재미가 있다. 그 시대 관습과 문화를 함께 이해하면, 건축 감상의 즐거움은 더 커지기 마련이다.

또 어떤 이는 내가 한옥 일을 한다고 하면 전통 건축문화 수호자쯤으로 보기도 한다. 그러나 나는 한옥을 좋아하지만 다른 문화권 건축과 비교해 우열을 논하는 일에는 관심이 없다. 건축을 국가, 민족, 인종, 종교,

문화, 시대에 따라 줄 세워 서열 매기는 취향도 아닌데다, 오히려 나는 다른 분야와 마찬가지로 건축도 다양성을 존중하고 각각의 가치를 그대로 인정하는 것이 자연스러워 보인다. 같은 시기의 다른 것만이 아니라, 서로 다른 시대의 것도 공존하는 자연생태계처럼 말이다.

건축에 담긴 문화

한국 건축에서 지배집단의 정치적 권위를 나타내거나, 특정한 종교와 사상을 반영하는 상징물의 예는 흔하다. 궁궐 전각이나 향교, 서원 같은 관공서 건물 지붕에 설치된 장식 기와가 대표적이다. 행운을 기원하고 나쁜 일을 막는 부적 같은 의미다. 절에 있는 탑은 종교적 상징체의 예다. 부처의 사리를 안치한 인도의 구조물에서 유래했다가 긴 세월이 흐른 후에는 부처의 가르침을 상징하는 예불 대상이기도 했다. 또, 절 입구마다 세워진 대문이 없는 일주문은 물리적인 출입 기능이 아니라, 속세와 사찰 공간을 구분하는 경계를 나타내기 위해 만든 문이다.

무지개다리의 상징

무지개다리도 특별한 상징과 의미를 담아 설치한 경우가 많았다.

다리를 놔서 끊어진 길을 잇지만, 거꾸로 다리를 놓음으로써 서로 다

벌교 홍교(2021. 7. 벌교) 전국에서 가장 큰 무지개다리로 평가된다.

른 공간임을 상징적으로 구분하고, 두 공간의 위계를 설정하기도 한다. 무지개다리가 종교적 상징이나 정치적 권위를 나타내며 설치된 사례로 사찰과 궁궐에 설치된 홍예교를 들 수 있다.

선암사의 승선교는 절 아래 진입부에 놓여 사찰권역이 시작됨을 알리는 동시에 속세와 구별되는 종교 구역의 신성성을 상징한다. 이때 승선교는 단지 물을 건너는 구조물일 뿐만 아니라 속계와 승계를 구분하는 표식이자 장치가 된다.

여기서 한발 더 나아가 아예 물도 없는데 다리를 놓고 종교적 의미를 나타낸 것도 있다. 경주 불국사의 청운교·백운교, 연화교·칠보교다. 이 다리들은 높은 석축을 오르는 계단 밑에 설치됐는데, 굳이 다리가 있을 이유가 없음에도 의도적으로 만든 것이다. 이 네 개의 홍예교는 다리를 지나 올라가면 구름 위 불법의 세계에 이른다는 의미를 함축한다. 즉, 축대 위 석가탑과 다보탑, 대웅전이 있는 사찰 중심권역을 신성시하며 강조하고 있다.

정치권력을 상징하는 홍예교로는 궁궐 정문을 들어서면 보이는 금천교가 대표적이다. 금천은 궁궐 안에 만든 작은 개천이다. 3단계 진입 구조인 궁궐 대문에서 궁성 담장에 있는 정문과 안쪽 두 번째 대문 사이에 개울물(금천)이 흐르는데, 여기에 놓은 다리가 금천교다. 궁궐마다 이름이 달라 경복궁은 영제교, 창덕궁의 금천교, 창경궁은 옥천교로 불린다. 여기서 금천교는 임금의 권위를 나타낸다. 개울물인 금천은 통치권의 신성함을 상징하는 장치로 일부러 만든 개천이고, 금천교는 임금 권역으로의 진입을 뜻한다.

왕이 일상으로 사용하는 이 홍예교는 화려하고 정교한 조각으로 꾸미고 난간을 둘러 격식을 갖췄다. 창경궁에 있는 옥천교에는 임금이 다니는 중앙의 '어도', 좌우로 신하와 세자가 다니는 길을 구분한 '삼도'가 구획되어 있다.

서민 생활 속의 벌교 홍교

무지개다리가 상류층 건축에만 쓰인 것은 아니다. 전남 보성 벌교에 있는 홍교는 주민들이 일상으로 사용하던 무지개다리였다. 폭이 넓은 강둑을 길게 연결해 이동하는 기능에 충실한 홍예교다.

'홍교'는 홍예교의 줄임 말이다. 기록에 따르면 조선 후기에 홍교가 만들어지기 전부터 이 자리에는 뗏목으로 만든 다리가 있었다고 한다. 홍수에 나무다리가 유실되자 석교를 세워 대체했는데, 벌교라는 지명도 이 뗏목다리에서 유래했다. 옛 시가지의 중심에 위치한 홍교가 오래전부터 이 지역에서 위상이 높았음을 짐작할 수 있다.

강폭의 길이에 연동해 홍예 구조를 여러 개 연달아 만들고 그 위로 길을 냈는데, 아쉽게도 유실되어 홍교의 원형이 남아있는 구간은 현재 3간이다. 홍예 높이가 3m에 홍예 간 사이(홍예 한 기의 개구부 폭)도 7.8m에 달해서 전국에서 가장 큰 홍예교로 평가된다.

축조법은 승선교와 유사하지만, 계곡 암반 위에 쌓은 승선교와는 달

벌교 홍교. 돌을 쌓는 '조적식' 공법과 짜 맞추는 '가구식' 공법이 모두 쓰였다. (2021. 7. 벌교)

리 강바닥에 별도의 기초를 하고 하중을 받칠 축대인 교대를 쌓은 후 그 위에 홍예를 틀어 올렸다.

홍예석에 접해 측면을 마감한 석재의 재질이 홍예석과 다른 것은 후대에 변형된 것으로 본다.

무지개다리는 어떻게 만들까

무지개 모양의 홍예석 중에서 가운데 솟아오른 부위의 돌인 '홍예종석' 위치에 수면을 향해 아래로 돌출한 돌이 보인다. 용 머리 형상으로 조각한 '용수'인데, 다리의 수호신을 상징한다. 이것과 똑같은 조각 장식이 선암사 승선교에도 설치되어 있다. 같은 지역의 주요 석조 건축물로서 상호 영향을 주고받은 것으로 추정된다.

다리의 상면은 나무로 한옥의 우물마루를 짜듯 석재를 다듬어서 짜맞췄다.

다리의 길이 방향으로 길게 양측면과 한가운데 뻗쳐 댄 돌은 귀틀석, 그 사이를 마감한 넓적한 돌은 청판석이라 한다. 귀틀석의 이음부 밑을 받치며 측면에 삐져나온 돌은 멍에 돌이다.

한국 건축에서 가장 일반적인 구조법으로 두 가지 방법이 사용됐다. 부재를 쌓아서 만드는 '조적식'과 짜 맞춰서 만드는 '가구식'인데, 홍교에서 이 두 가지 공법이 모두 사용된 것은 매우 특징적이다.

조적식 공법이 사용된 곳은 무지개 모양으로 돌을 쌓고 그 측면을 큰 돌들로 마감한 부위다. 석재를 쌓아 만드는 조적식 구조는 상부의 하중을 견디는 힘이 탁월하다.

반면, 가구식 공법은 상판 마감에 사용됐는데, 조적식 구조 위로 청판석을 깔아 길바닥을 만드는데 적용됐다.

홍교의 멍에 돌 위에서 만나는 귀틀석의 끝이 'ㄱ' 턱을 내어 물린 게 보인다. 또 사진에는 안 보여도 청판석을 설치할 때 역시 귀틀석에 'ㄴ'자 턱을 내고 결구한다.

무지개 모양으로 홍예를 틀 때는 목재로 미리 만들어 둔 '홍예 틀'을 사용한다. 설계된 홍예의 크기에 맞게 나무로 형틀을 짜서 세우고, 그 위에 양옆에서부터 순서대로 돌을 쌓아 올라간다. 돌을 다 쌓고 틈서리마다 끼움돌과 쐐기를 박아 움직임 없이 안정되면 홍예 틀을 제거한다.

석재는 목재와 더불어 오랫동안 흔하게 사용된 건축재료다. 목재에 비해 길이 제약은 단점이지만 석재는 압축력에 견디는 힘과 마찰력이 우수하다. 이 특징을 이용해 아치 형태의 구조를 만듦으로써 너비와 높이의 한계를 극복한 탁월한 구조체가 바로 홍예교다.

3

—

공간의 구분과 연결
보성 봉강리 정 씨 고택 1

보성 봉강리 정 씨 고택은 조선 후기 전라남도 해안가 양반집 배치 구조를 보여주는 흔치 않은 사례다. 원형이 잘 보존되어 과거 부농가옥 생활상을 엿볼 수 있고, 경관도 아름답다.

고택 주인의 15대 조상이 처음 이곳에 터를 잡았던 400여 년 전에도 이 마을은 자원이 넉넉해서 살기 좋은 동네였을 것이다. 마을은 인근 고흥과 장흥 반도 사이로 깊숙이 들어간 득량만 갯벌과 너른 들녘을 한눈에 내려다보는 산자락 끝에 자리했다. 유네스코 세계문화유산으로 등재된 갯벌의 풍족한 해산물과 기름진 논밭이 마을의 든든한 경제기반이었을 것이다.

정 씨 고택은 마을 맨 위쪽에 있다. 농촌 마을은 보통 산자락과 들녘이 만나는 경계선 언저리에 형성됐다. 같은 마을에서도 집 뒤에 산을 끼고 있는 집은 맨 처음 마을에 터 잡은 '입향조'였거나, 마을 내 지위가 높은 경우가 많다. 정 씨 고택도 마찬가지다.

정 씨 고택의 내력

정씨 집안 조상이 이 터에 처음 집을 지은 것은 임진왜란 직후였다. 당시는 전국 곳곳에 새로운 마을이 생겨나던 때였는데 이는 전란의 상흔을 피해 새 터전을 찾는 대이동이었다. 정 씨 고택의 조상도 이순신을 도운 공훈으로 포상받은 기록이 전하며, 그 후손이 이 마을에 들어와 처음 지은 게 이 집 안채의 시초였다.

지금의 정 씨 고택 배치 구조와 건물구성은 1800년대 후반에 갖춰진 모습 그대로다. 대체로 전국 고택들은 50년에서 100년 안팎 간격으로 반복적인 중건 공사를 거치며 지금의 모습을 갖게 됐다. 정 씨 고택도 처음엔 초가였던 안채가 중간에 기와집으로 바뀌었고, 1800년대 후반에는 사랑채가 늘고, 정원을 꾸미는 등의 큰 변화가 있었다.

그러나 이 집은 1800년대 중후반 당시 등장한 지방 부호들의 호화주택들처럼 위세를 과시하는 과한 치장은 보이지 않는다. 대신, 담장을 둘러 안채와 사랑채, 행랑채 구역을 각각 분리함으로써 민가에서는 볼 수 없는 반가(양반집)의 특징적인 배치 구조를 갖췄다. 특히, 사당 공간이 별도로 구획된 것이나, 안채로 들어가는 중문 앞에 '내외 담'을 설치한

봉강리 정 씨 고택 행랑채와 바깥마당(2021. 10. 보성)

것, 그리고 폐쇄적인 뒷마당을 조성해 남녀의 생활공간을 엄격히 구분한 것 등은 성리학과 '주자가례'를 따르던 당시 양반가의 일반적인 생활풍습을 고스란히 전해준다.

행랑채(바깥 사랑채) 구역

정 씨 고택의 배치 구조는 3개의 독립 공간이 연결된 모습이다. 대문을 들어서면 행랑채(바깥 사랑채)와 바깥마당이 나온다. 여기서 오른쪽 담장 일각문으로 들어가면 사랑채 공간이고, 직진해서 중문을 통과하면 안채가 있는 안마당이다.

각각의 공간은 지세를 따라 마당 높이가 서로 다르고 독립된 담장으로 구획된다.

각 마당의 레벨 차이는 경사지에 집터를 닦으면서 생긴 자연스러운 결과다. 이는 한국 건축 조경술의 일반적인 기법이기도 하다. 가파른 언덕을 깎아내고 터를 닦은 산지 사찰을 포함해 전국의 향교와 서원들도 극히 예외적인 일부를 제외하면 대체로 이와 비슷하다.

공간마다 대지 높이가 달라지면 평지 건축에서 볼 수 없는 이색적인 공간감이 생긴다. 구역마다 다른 높이에 건물을 앉히면 보이는 경관이 다채로워지고, 변화를 즐길 수 있는 집은 입체적인 멋과 깊이감이 있다.

행랑채 중간에 있는 대문을 들어서면 바깥 마당이 나오는데 여기가 첫 번째 공간이다.

기록에 따르면 옛날에는 이 행랑채가 'ㄱ'자 집으로 바깥사랑채였다. 보통 장남이 장성해서 가족을 이루면 아버지가 기거하는 사랑채 외에 별도의 작은 사랑채를 두고 생활하기도 했다. 정 씨 고택 행랑채도 한때는 장손의 작은 사랑채로 사용됐던 것 같다.

하지만 지금의 행랑채는 일자형 평면에 맞배지붕을 얹은 보통의 문간채다. 가운데 한 칸에 판문을 달아 대문으로 쓰고 좌우 칸들은 일꾼들 숙소와 마구간으로 쓰였다.

경사지를 정돈해 마당을 닦으면서 생긴 급경사 부위에는 석축을 쌓고 중문으로 향하는 계단을 설치했다. 계단 양옆 석축 위로 소나무를 심어 가꾼 게

봉강리 정 씨 고택 안채와 내외담. 우측은 사랑채. (2021. 10. 보성)

보인다. 이를 '화계'라 하는데, 경사지 건축에 흔히 보이는 조경 수법이다.

　석축 아래 양쪽으로 각각 디딤돌을 놓고 끈을 묶을 수 있는 쇠고리를 박아놨다. 말에서 내리는 하마석과 고삐 묶는 장치로 추정된다.

　외부 방문객이 남성인 경우, 이 바깥마당에서 우측 담장에 있는 일각문을 통해 사랑채로 드나들었을 것이다.

안채와 내외 담

중문을 열고 안마당으로 들어가면 작은 담장이 앞을 가로막는다. '내외 담'이다. 중문이 열린 상태로 바깥마당에서 인부들이 작업하거나, 외부인들의 출입 시 시선을 가려 안마당의 사생활을 보호하는 용도다. 자연석과 흙, 수키와를 이용해 문양을 내서 꾸몄다.

흔히 사랑채와 안채 사이에도 내외 담을 설치해서 집안 여성의 불편을 최소화했다. 정 씨 고택 내외 담 안쪽에 심은 유자나무도 같은 역할을 한다.

시멘트 기와를 얹은 내외 담의 외형이 언뜻 보기에 한식 전통 기와를 이은 다른 건물들과 조화롭지 않아 보인다. 아마도 안채와 사랑채, 행랑채 등을 정비할 당시 담장은 기존 형태 그대로 유지한 것 같다.

조금 다른 이야기지만, 문화재 보수 공사에서는 전통 재료와 공법에서 벗어난 외형은 해당 부위를 제거하고 원래의 재료와 공법을 회복하는 것이 원칙이다.

그런데 나는 비록 시멘트 기와라도 정 씨 고택처럼 오랫동안 사용됐고, 이 기와가 당시 널리 사용된 합리적 이유가 있었다면 그대로 보존하는 것도 의미 있다고 생각한다.

구한말 이후 유입된 새로운 건축재료인 시멘트는 150년 가까운 긴 시간 동안 이미 한옥에 융합됐다. 게다가 이 담장의 시멘트 기와가 건축의 외형을 훼손한 것으로 보기도 어렵다. 조선 후기 청나라에서 들여온 몇몇 재료와 기법이 토착화하면서 이른바 '청풍 건축' 문화유산으로 남아 있는 것도 실은 외래 건축의 유입이었다.

다시 말해, 정 씨 고택의 담장 시멘트 기와처럼 이미 한국 건축에 자연스럽게 수용된 것이라면 보존 대상에 포함해서 이 시대의 특징으로 인정하는 게 합리적일 것 같다.

안채 건물은 '―'자 평면이다. 경북 산간과 강원도에 흔한 'ㅁ'자 평면

안채 뒤뜰(2021. 10. 보성)

이나, 경기와 중부지방의 'ㄱ'자 꺾인 집과 구별되는 온난하고 일조량이 많은 남부와 제주지방 평면의 특징이다.

부재의 규격이 크고 전체적으로 집의 짜임이 견고하다. 바깥 기둥에 원주(둥근 기둥)를 사용해 변화를 줬다. 그런가 하면 이 집 처마는 부연을 달지 않은 홑처마를 했다.

상류층 건축은 대체로 지붕 서까래 끝에 또 하나의 작은 서까래를 걸어서 처마 끝 선을 연장하고 화려한 멋을 더한다.

일부러 겹처마를 피한 것인지 알 수 없지만, 정 씨 고택 건축주는 홑처마 선의 소박하고 단정한 멋을 얻었다. 덕분에 안채 건물은 전체적으로 당당하면서도 절제된 분위기가 난다.

뒤뜰

안채에서 가장 특징적인 부위는 건물 뒤뜰이다.

안채를 앞에서 볼 때는 단순한 일자형 집이지만 옆으로 돌아가 보면 건물 양쪽 끝 퇴칸의 지붕을 뒤로 꺾어 연장했다. 일반적인 'ㄷ'자 꺾인 집과는 조금 다르게 확장 길이는 매우 짧다. 기존 툇마루에서 겨우 2자(60cm가량) 남짓으로 보여서 방을 넓히기 위한 확장만은 아닌 듯하다. 물론, 석축 때문에 확장 길이에 제약이 따랐을 수도 있다.

답사 당시 나는 확장한 칸과 석축 사이에 담장을 쌓고 아무나 들어가지 못하도록 판문으로 폐쇄한 것을 보고는 혹시 이곳이 후원이 아닌가 싶었다. 궁금해서 집 뒤 언덕에 올라 안쪽을 내려다 본 후에야 비로소 꺾인 부위가 단순히 방을 넓히려는 목적이 아님을 알았다.

장독대가 있고, 높은 담장과 문 그리고 꺾인 부위 지붕으로 완전히 차단된 뒤뜰.

이곳은 여성들 전용 생활공간이자 휴식처다. 확장한 꺾인 부위 방에서 뒤뜰로 드나들 수 있게 문을 두고 툇마루도 확장했다. 판벽과 들창문이 있는 칸은 목욕탕으로 쓰였을 수 있다. 1800년 초에 지은 경북 안동 '번남고택'의 안채 한 칸이 이와 비슷한 외형을 갖추고 목욕탕으로 사용된 예가 있다.

보통 뒤뜰은 정지(부엌)와 바로 통하도록 하며, 뒷마당이 넓은 경우 작은 채소밭이나 화초를 심은 화단이 꾸며지기도 한다.

안채 뒷마당을 여성을 위해 꾸민 극단의 예는 궁궐 왕비의 거처인 경복궁 교태전의 뒤뜰 '아미산'이다. 왕비를 위해 인공산을 조성하고 온갖 화초를 심어 가꾼 것으로도 부족해 치장 벽돌을 사용해 굴뚝에 무병장수를 기원하는 '십장생'을 꾸몄다.

정 씨 고택의 안채 뒤뜰은 치장보다는 실용적 기능에 초점을 둔 공간이다.

봉강리 정 씨 고택 사당. (2021. 10. 보성)

사당

정 씨 고택 안채의 오른쪽 뒤 공간에는 별도의 단을 갖춘 작은 사당 건물이 있다.

이 건물은 소규모 단칸이지만 서열을 따지자면 이 집에서 제일 격이 높은 건물이다. 크고 길게 다듬은 장대석을 쌓아 너른 기단을 올린 후 건물은 짓고, 그 밑으로 다시 이중 단을 쌓았다. 아래 단에는 족히 수령 100년은 됐을 동백나무 한 그루가 서서 기품을 더하고 있다.

정 씨 고택의 사당은 보기 드물게 격식을 갖췄다. 이 건물처럼 기단 바깥으로 이중의 넓은 단을 쌓은 것을 '월대'라 하는데, 이는 권위를 상징하는 건축 요소다.

월대는 궁궐에서조차 정전이나 왕과 왕비의 침전에만 쓰였고, 종묘나 왕릉, 향교, 객사 같은 관공서에 극히 제한적으로만 사용됐다.

장대석은 가공에 품이 많이 들어가는 일종의 사치성 건축재로 조선 초기만 해도 민간에서는 사용이 엄격히 금지됐었다.

전체적으로 과시나 사치로 여길 만한 치장이 눈에 띄지 않는 고택에서 보기 드문 고급 건축양식이 나타난 것이 특이하다.

그런 요소는 또 있다. 기둥 위에 가로로 꽂혀 기둥끼리 연결하는 수평 방향 부재가 창방이다. 보통은 창방 위에 또 다른 수평 재인 도리를 얹어서 서까래를 받는다. 이 집의 다른 건물에서도 창방에 도리가 곧장 포개져 있다.

그런데 사당에서는 창방과 도리 사이에 네모난 부재 조각을 띄엄띄엄 끼워서 사이를 이격시켰다. 네모난 부재를 '소로'라 하고, 소로가 쓰인 집을 '소로 수장 집'이라 부른다. 소로 수장 집은 소로가 쓰이지 않은 집에 비해 처마 부위가 꾸며지고, 조금이나마 높아져서 지붕이 한층 당당해진다. 사당 건물이 이 양식으로 치장돼 있다.

즉, 사당 건물은 건축 의장의 관점으로 볼 때 정 씨 고택에서 가장 격식 높은 모습을 갖췄다.

조선시대 주택에서 조상 신위를 모신 사당은 가장 중요한 위치를 차지해 지었다.

보통 안채의 동북 방향에 자리하고, 4대조까지 안치하는 것이 일반적이다. 4대를 넘어가면 선산에서 합동 제사하는 '시제'에 포함한다.

그런데 간혹 마을에 처음 터를 잡은 '입향조'이거나, 국가에 큰 공을 세운 공신이 왕명으로 특별 지정되면 붙박이 고정 신위가 되기도 했다. 이를 옮기지 않는다 해서 '불천위' 신위라 한다.

4대를 넘어가도 밖으로 내보내지 않고 영구적으로 모시는 불천위 신위를 안치한 사당은 당연하게도 특별히 중시됐다.

정 씨 고택 사당의 고급 격식으로 볼 때 임진왜란에서 세운 공훈으로 표창받은 조상이 불천위 신위로 지정된 것이 아닌가 생각된다.

지난번 답사 때는 직계 후손이 계시지 않아 묻지 못했는데 다음번 답사를 기약한다.

4

—

사랑채의 변신
보성 봉강리 정 씨 고택 2

정 씨 고택 사랑채

안채가 여성들의 생활공간이라면, 사랑채는 남성 권역이다. 방문객을 응대하고 농사일을 비롯한 외부 업무도 일꾼들의 행랑에 가까운 사랑채에서 처리한다. 정 씨 고택 사랑채는 두 방향으로 진입하는 구조다. 외부인 남성 방문객은 대문을 지나 행랑채 마당에서 안채를 거치지 않고, 쪽문을 통해 곧장 사랑채에 진입했다. 이와 달리 집주인은 사랑채에서 안채로 직접 통하는 간결한 동선을 이용했을 것이다.

사랑채는 정면 4칸 측면 2칸으로 작지 않은 규모다. 그런데, 사랑채라면 있어야 할 대청마루나 누마루가 보이지 않고 모든 칸이 방으로만 되

정 씨 고택 사랑채 (2021. 10. 보성)

어 있어 색다르다. 나는 이것이 후대에 변형된 것이 아닐까 짐작한다.

외부인 방문이 잦고, 집안 행사도 많은 부농가옥 사랑채에서 넓은 마루는 필수 공간이다. 특히 여름이 무더운 남부지방은 더더욱 그랬다. 이 사랑채도 건립 당시에는 가운데 두 칸에 대청마루가 있었거나, 오른쪽 측면 칸에 누마루가 있었을 수 있다. 어느 시점엔가 가족이 늘고, 시대 변화에 따라 생활방식도 바뀌면서 구조변경이 있었을 것이다.

건축이 끊임없이 변하고 발전해온 것처럼 사랑채는 고정된 형태가 아니었다. 조선시대 (양)반가 건축은 결혼제도나 유교 예법의 영향을 강하게 받았는데, 특히 사랑채는 집안 내 남성의 지위와 그 변화를 반영한다.

시대별 사랑채의 변화

정 씨 고택 입향조가 살았던 400년 전에는 이 집에 사랑채가 아예 없었을 것이다. 정 씨 입향조는 임진왜란 후 마 씨 집에 장가와 살면서 지금의 안채 자리에 초가집을 지었다.

당시 조선 사회의 결혼제도는 조선 후기와 달랐다. 부인이 남편 집에 '시집가는' 방식(친영제)이 굳어진 것은 나중 일이다. 조선 전기만 해도 남편이 부인 집에 '장가가는' 방식(서류부가혼)이 대세였는데, 이 고택이 처음 자리 잡던 당시는 아직 장가가는 관습이 통용되고 있었다. 또 남성의 가부장적 권위도 후대만큼 확고하지는 않았던 듯하다.

행랑채 마당에서 보이는 사랑채 정원과 쪽문. (2021. 10. 보성)

조선 전기의 사랑채는 그리 두드러진 모습이 아니었다. 사랑채를 따로 짓기보다는 안채 일부를 사용하는 사랑방이 일반적이었다. 정 씨 고택보다 앞선 조선 전기에 지은 경주 양동마을 서백당은 그 시기 사랑채의 대표 사례다. 서백당은 안채 건물의 꺾인 부위 마루와 방을 따로 구획해 쓰는 사랑방이었다. 이처럼 조선 전기만 해도 사랑채는 소박했다.

조선 후기가 되자 사랑채 규모와 위상은 급격히 달라졌다. 크고 당당한 모습으로 안채 앞이나 옆에 돌출적으로 자리 잡았고, 집 전체에서 가장 높은 격식을 갖추게 된다.

사랑채의 대변신은 몇 가지 사회적 변화가 결합 되어 나타난 결과였다.

가정 안의 변화로는 성리학적 예법을 교조적으로 받아들이는 유행의 확산이었다. 조선 중기 지식인들과 상류층은 가정 예의범절을 다룬 성리학 지침서인 '주자가례'를 중시했다.연령별 성별 위계를 중시하는 분위기는 조선 후기 들어 남성 가장의 권위가 더한층 강화된 결과를 낳았다. 동시에 제사와 상속에서 체계적으로 배제된 여성의 사회적 권리는 급격히 추락했다.

또 다른 요인으로 당시 조선 사회는 경제적인 면에서 성장하고 있었는데, 농경법 개량과 상업 발달로 지방에 신흥 부호들이 등장한 것이다. 큰 부를 축적한 지역 신흥 세력들은 마치 과시라도 하듯 지방 곳곳에서 전에 없이 호화로운 주택들을 대거 짓기 시작했다. 신흥 부호들의 저택에서 접객과 문중 회합 목적의 독립적 남성 전용 공간은 필수였다.

그 결과 이 시기에 등장한 사랑채들은 하나같이 규모가 크고 웅장하며, 한껏 위엄을 갖춘 모습을 했다.

정 씨 고택도 조선 후기에 현재의 전형적인 대지주 양반가 배치 구조를 갖춘 것으로 보인다. 들녘을 한눈에 내려다보는 위치에 터를 넓게 잡고 높은 담장을 두른 사랑채는 풍족한 경제 상황과 가세를 상징한다.

정원과 조경 – 자연과의 조화

정 씨 고택 사랑채 앞마당에는 전통 정원이 있다.

소나무를 비롯한 사군자, 기암괴석, 신선 사상이 반영된 연못 등에서 조선시대 선비들의 취향이 드러난다. 나는 그 시절의 유행과 별개로 자연의 혜택을 주택에 끌어들이고 향유 하는 조경술만큼은 근래의 '생태주의 건축' 트렌드와 다를 바 없어 보인다.

전통건축의 조경 원리는 자연을 누리는 데 있다. 자연 속에 정자를 짓는 등의 건축행위 시 흔히 사용된 방법이 경치를 빌려서 누린다는 의미의 '차경' 기법이다. 가까운 경치를 끌어들이는 '인차', 밑에서 올려다보는 '앙차', 위에서 내려다보는 '부차', 시선의 위치에 따라 서로 다른 경치를 누리는 '응시 이차' 등의 다양한 수법이 사용됐다. 창덕궁 후원에 가면 공예품 수준의 아름다운 정자들이 즐비한데, 이 같은 조경술이 자유자재로 구사된 광경을 감상할 수 있다.

정 씨 고택 사랑채 정원도 자연을 끌어들여 교감하고 그 혜택을 누린다는 자세를 보여준다.

특히 나는 집 뒤 계곡물을 집안으로 끌어들여 연못을 만들고 일부는 생활용수로 사용한 조경술에 감탄했다.

산자락을 끼고 자리 잡은 집들은 산에서 내려오는 물을 바로 사용하는 이점이 있다. 우물을 파는 것보다 편리하고, 산이 크고 골짜기가 깊으면 가뭄을 견디기에도 유리하다.

정 씨 고택은 집 주위 계곡물을 마당으로 끌어들여 생활용수로 사용했다. 그리고 다시 두 갈래로 나눠 한쪽을 사랑채로 내려보내 연못을 가꿨고, 다른 한 줄기는 담장 밑을 통과해 행랑채 측면 담장을 따라 흘러서 다시 집 밖으로 나가게 했다. 덕분에 안채, 사랑채, 행랑채 세 권역 모두 항상 물이 흐르게 됐다. 행랑채가 있는 바깥마당에서는 농기구 정돈이나 소나 말을 돌보는데 필요한 생활용수로 편리했을 것이다.

계곡물을 집 안으로 끌어들여 생활용수로 사용한 행랑채 옆 수로 (2021. 10. 보성)

5

—

돌담 에피소드
장흥 촌집 돌담('전통건축문화 아비지' 민가 게스트하우스)

글짓기와 집짓기는 같은 '짓다'를 쓴다. 사전에는 "재료를 들여 밥, 옷, 집 따위를 만들다"와 "여러 가지 재료를 섞어 약을 만들다"는 설명이 나온다. 또, "시, 소설, 편지, 노래 가사 따위와 같은 글을 쓰다"는 뜻도 있다.

그러니 '짓다'가 보통 글자는 아닌 거다. 인간의 생존에 필요한 의식주에 더해 약에 쓰이고, 소통 수단인 글에도 썼으니까. 왠지 '짓다'를 잘하면 인간다워질 거 같고, 막 지으면 안 될 것도 같다.

집짓기와 글짓기가 닮았다는 생각은 나만 하는 게 아닐 것이다. 구상, 설계, 재료 선택 후 하나하나 이뤄가는 과정은 둘 다 다를 것이 없는 막노동이다. 건축이 손발을 많이 쓰는 반면 글은 엉덩이를 오래 쓰는 차이

장흥 촌집의 돌담 (2021. 5. 장흥)

시골마을 오래된 건축 뜯어보기

가 있을까.

어제 친구가 물었다. 집수리와 글쓰기 중 어느 게 더 재밌냐고. 둘 다 재밌고 둘 다 힘들다. 친구에게 정서적 만족도는 글이 더 높다고 했는데, 지금 생각하니 혼자만의 '온라인' 말고, 여러 사람의 '오프라인' 만족도는 건축이 나은 것 같다.

귀촌 3년 4개월 된 신입 거주자를 마을 할머니들이 잘 몰라보는 건 당연하다.

농한기가 되면 동네 어르신들이 마을 회관에 모여 점심을 함께 드신다.

며칠 전 가까이 지내는 언론사 퇴직자 선생님 콜 받고 간 자리였다. 스무 명 남짓 어르신들 중 한눈에 나를 알아보는 분은 절반 미만. 이 상황이면 나는 설명이 복잡했었다. 본 적도 없는 무슨 무슨 택호를 들어가며 할머니들이 알아들을 수 있게 내 집 위치를 알려 드렸다. 그런데 이젠 그럴 필요가 없다. 어느 분인가가 "돌담장 이쁘게 쌓은 집 안 있는가" 하면 바로 알아들으신다.

돌담 쌓기는 단어를 골라 끼워 맞추고, 잇고, 물고 물려 서로 지지해가며 문장을 이루는 일과 비슷하다. 부실한 돌 몇 개가 빠지면 균형을 잃고 흐트러지다가 결국 담장이 무너질 수 있다. 공들여 쓴 글이 부적절한 어휘 한두 개로 퇴색하는 것과 같다.

지난달 놀러 온 지인은 내 집 담장을 보더니 제주도에 와 있는 기분이라고 좋아했다.

그런데 실은 현무암으로 높게 쌓은 제주도 돌담 말고도 남해안 일대

완도 바닷가 마을의 돌담 (2021. 8. 완도)

에는 오래전부터 돌담이 많았다. 거센 바닷바람과 폭풍우에는 흙을 섞은 토석 담장보다 돌만으로 쌓은 구조법이 유리해서다.

완도 어느 바닷가 마을 앞에는 2미터는 넘어 보이는 높은 돌담이 있다. 태풍으로 파도가 도로를 넘어 올라올 때를 대비한 모습이다.

모든 바닷가 마을 돌담이 다 그만큼은 아니지만, 보통 남해안과 제주 지역 돌담은 지붕 처마선에 곧 닿을 듯이 높게 쌓아 여름철 비바람 피해를 막았다.

경남 남해군 다랭이마을에서도 그런 담장을 볼 수 있다. 오래된 전통 마을답게 다랭이마을 민가들에는 옛날 담장들이 그대로 유지되고 있는데, 어떤 집은 담장에 묻힐 것처럼 높은 돌담이 집을 감싸고 있다.

한편, 제주도 현무암 돌담이 구멍이 숭숭 뚫려 보이게 빈틈을 두고 쌓아진 것은 강풍에 무너지지 않도록 공기저항을 줄이려는 의도다. 물론, 현무암이 일반 돌들에 비해 표면이 거칠고 마찰력이 좋아서 그렇게 쌓을 수 있었을 것이다. 반면, 일반 자연석은 크고 작은 돌들을 꼼꼼히 맞추고

산자락을 낀 장흥군 안양면 비동 마을 돌담 (2021. 8. 장흥)

겹벚나무와 돌담. 지난 봄 담장 공사 후 장춘촌집 모습(2021.4.장흥)

끼워가며 빈틈이 없게 쌓아야 무너지지 않는다.

같은 남해안이라도 산을 끼고 골짜기 안에 있는 마을 돌담은 그리 높지 않다.

내가 사는 마을에서 그리 멀지 않은 안양면 비동 마을에 가면 그런 담장을 볼 수 있다. 집마다 담장이 이어져 마을 전체가 돌담을 했다. 이 동네 거주하는 분 말씀으로는 담장을 문화재로 지정하려는 시도도 있었다고 한다.

마을 담장은 주변에서 쉽게 구할 수 있는 재료로 쌓았다. 비동 마을도 산 돌이 많은 지역에 위치했다. 멀리서 봐도 돌이 흘러내리는 게 보일 만큼 많은 돌산 자락이 마을 가까이 있다.

내가 사는 동네도 다르지 않다. 바위와 돌이 많은 천관산 자락에 낀 마을이라 돌담이 흔하다.

돌담은 특별한 도구 없이 단지 돌만으로 쌓아서 만든 구조물이다. 어쩌면 인류가 해온 가장 오래된 건축행위 중 하나가 돌 쌓기일 것이다.

그래서인지 돌담을 보면 막연히 기분이 좋아진다. 마치 석양 노을빛이나 만년설 덮인 극지방 풍경처럼 돌담도 원시미가 있는 것 같다.

리모델링 완성 후 게스트하우스 (2021. 11. 장흥)

6

조선'뷰멍'명소_마을정자
장흥 용호정, 경호정, 부춘정

지난해 나는 장흥에서 고택 리모델링 공사를 하던 중 우연히도 멋진 정자 건물을 세 채씩이나 구경했다. 공사하던 현장에서 멀지 않은 곳에 있는 용호정, 경호정, 부춘정이다. 이 건물들은 조선 후기 양식의 전형적인 호남형 정자인데 각각의 개성도 뚜렷하다.

그런데 이 뜻밖의 '정자 탐방'은 당시 리모델링 공사의 건축주 덕분이었다. 어머니가 생활하는 고향 집의 보수를 맡긴 아들은 작업 틈틈이 나를 데리고 나가 마을과 인근 경승지에 산재한 문화유산을 구경시켰다. 덕분에 이런저런 핑계로 미뤄온 건축 답사를 다시 시작할 감흥이 생겼던 나로선 고마운 마음이다. 공사 중이던 당시 나는 차분히 살펴보지 못한 아쉬움이 남아서 공사가 끝난 후 이 격조 있는 건물들을 다시 자세히 둘러봤다.

용호정. 중앙에 온돌방, 사면에 마루를 두른 호남지역 특유의 정자 구조. (2021. 1. 장흥)

호남지역 정자 건축의 특징

　정자는 일반 주택하고 다르다. 주택은 사람의 일상생활이 이뤄지는 곳이니 의식주 관련 필수 기능을 갖춰야 한다. 또 주택은 다른 집들과 함께 무리를 짓는다. 여러 건물이 어우러져 집단 주거지를 형성하고, 주택은 그 일부로써 마을 속에 지어졌다.

반면 정자는 일상에서 벗어나 휴식이나 교류의 장소로 쓰인 건축이다. 정자는 한적하고 경치 좋은 계곡이나 강변, 탁 트인 언덕배기 같은 곳을 골라 단독 건물로 짓는 경우가 많았다. 주택이 군집 건축의 일부라면 정자는 완전히 독립적인 건축인 셈이다.

모든 건축은 용도에 맞는 특징이 있기 마련이다. 정자도 마찬가지다. 정자의 특별한 쓰임새는 입지만이 아니라 평면구조에도 반영되고, 정자가 다른 건축과 구분되는 특징을 갖게 한다. 대부분의 정자는 넓은 마룻바닥에 벽체 없이 개방된 구조이거나, 두세 평 남짓한 작은 온돌방이 마루와 짝을 이룬 간략한 구조다.

물론 정자도 크기나 평면 형태별로 종류가 많다. 4각, 6각, 8각형 평면에 마루만 깔아놓은 사모정, 육모정, 팔모정이 가장 흔하다. 이런 다각형 평면의 '모정'에는 드물게 하층에 온돌방, 상층에 마루방을 구성한 복층의 고급격식도 있다. 경복궁 후원의 연못인 '향원지'에 만든 '향원정'은 그런 고급 정자의 정점을 보이는 사례다.

그러나 실(방)과 마루를 층으로 구분하지 않고 한 평면에 연접해 지은 정자가 더 일반적이다. 복층 구조보다 실용적이어서인지 조선 사대부들은 이런 정자를 많이 지었다.

흥미로운 사실은 방과 마루를 겸비한 정자에서도 영남과 호남지역에 따라 평면 형태가 확연히 차이가 난다는 점이다. 영남지역 정자가 가운데 대청마루를 두고 양옆으로 방을 둔 형태가 많다면, 호남지역 정자는 네모진 마루 중앙에서 약간 뒤로 밀어 온돌방을 둔 것이어서 대비된다.

당연히 그 배경이 궁금해지는데, 아쉽게도 건축 역사학계조차 아직 만족스러운 답을 못 찾은 듯하다. 그러나 가운데에 방을 두고 3면에 마루를 깐 개방적인 구조는 산간 내륙보다 기후가 온난한 남해안 평야 지대에 더 적합했을 것임은 분명해 보인다.

내가 다녀온 용호정과 경호정, 부춘정 세 정자 모두 가운데에 작은 온돌방을 두고 3면으로 마루를 설치한 형태다. 이 같은 '호남형 정자'는 장흥의 다른 마을에 있는 사인정을 포함해 담양의 식영정, 면앙정, 소쇄원에 이르기까지 전라남도 전역에서 쉽게 볼 수 있다.

용호정, 경호정, 부춘정은 하나같이 주변 경관이 매우 좋다. 큰 강을 낀 절벽과 언덕 위에 자리해 마루에 앉으면 맑은 강물이 내려다보이고 멀리까지 시야가 트인다. 이 정자들은 시원한 강바람을 찾는 사람들로 붐볐을 무더운 여름철에 특히, 온 마을의 명소였을 것이다.

용호정

용호정은 탐진강 상류 절벽 위 비경을 차지해 지었다. 조선 후기에 지은 용호정은 다른 두 정자와 달리 마을에서 뚝 떨어져 외진 곳에 있다. 마을 사람들이 일상으로 이용하는 공동정자가 아닌 개인 용도로 지은 정자다. 기록에는 강 건너 조상 묘소에 다니던 부친이 홍수로 성묘가 막힐 때면 머무르던 움막 자리에 아들이 지었다고 한다.

정면 2칸 측면 2칸의 정방형 평면이고, 지붕도 평면과 같은 사각 형태에 가운데 꼭지점이 생기는 사모지붕을 했다. 지붕 위에는 기와를 장독

용호정. 마루에 앉으면 강 건너 야산이 보인다. (2021. 1. 장흥)

항아리처럼 구워 만든 절병통을 올려 마감했다.

용호정 바깥 기둥은 보기 드물게 참나무를 원기둥으로 깎아 세웠다. 강도가 높고 변형이 덜한 참나무는 구조목으로서 귀한 목재였다. 건물은 기둥 위를 가로지른 목재인 창방과 그 위에 놓인 수평부재인 장여 사이에 소로라는 작은 각재를 일정한 간격으로 끼워 넣은 소로수장집으로 격식을 차린 모양새다. 기둥 상부 바깥으로는 특별한 장식 없이, 부재 외부 단면을 수직으로 잘라내고 치장을 억제한 외관이다.

격식 있는 지붕에서는 처마 끝 서까래 위로 부연이라는 짧은 서까래를 덧붙인다. 부연을 달지 않은 용호정은 홑처마선과 자연석 기단(건물을 올리기 위해 마당보다 높은 대)의 꾸밈없는 질감이 조화를 이뤄 전체적으로 단정하고 절제된 멋이 난다.

처음 갔을 때 가이드를 해준 젊은 건축주가 "어디서 고소한 냄새가 난다"고 해서 살펴본 일이 있었다. 목재 보호를 위해 마루에 바른 콩기름 냄새였다. 문화재로 지정된 덕분에 주기적인 관리가 이뤄져 퇴락한 곳 없이 건실해서 보는 사람 기분도 더없이 흡족했다.

절벽 위 바위들 사이로 협소한 터에 대지를 닦았으니 공간 제약이 컸을 것이다. 이 때문인지 정면 마루는 넓게 측면은 그보다 좁게, 뒷면은 보행만 가능할 너비로 돌렸다.

뒷면 마루 밑으로 온돌방에 불을 지피는 함실아궁이가 보인다. 이처럼 벽체에서 돌출하지 않고 벽체에 직접 불 때는 형태의 아궁이를 함실아궁이라 한다.

정자에서 음식 조리는 필요 없으니 솥을 거는 부뚜막은 만들지 않는다.

경호정

경호정 (2021.1. 장흥)

　씨족 마을 진입부에 자리한 경호정은 주민들의 휴식처이자 소통 공간이었다.

　경호정은 강에 접하는 야산 허리에 여러 단의 석축으로 터를 닦고, 들판 쪽으로 자리 잡았다. 경호정이라는 이름은 거울처럼 물이 맑아 생겼다고 한다. 실제로 경호정에서 내려다보이는 경관은 특히 매혹적이다. 정자가 놓인 언덕을 휘돌아 흐르는 강물이 시원하다.

경호정은 마을 정자답게 동네 사람들의 접근성이 좋다. 정면 3칸 측면 2칸으로 용호정보다 규모가 커서 여름철 무더위에 많은 인원이 함께 사용할 여건도 갖췄다. 답사 가이드를 해준 건축주가 나고 자란 마을의 정자인 경호정은, 남녀노소 할 것 없이 모든 주민의 놀이터이자 휴게소로서 인기 많았다고 한다.

경호정 건축구조에는 수용인원 늘리기 및 편의 증진을 위한 특별 조치가 있었던 것 같다.

경호정 처마는 원래의 처마에서 길게 이어내서 연장한 모습이고, 이 부위를 받치기 위해 기둥열 밖으로 덧기둥도 설치했다. 이는 비바람이 들이쳐 마루가 상하는 피해를 줄이고, 마루와 방의 거주 안정성 확보를 위한 것으로 보인다.

특이한 것은 보통의 지붕 늘리기는 연장할 지붕을 기존 지붕 밑으로 한 단 낮춰 설치하기 때문에 처마에 층단이 생기는데, 경호정은 그렇지 않다는 점이다. 층단 처마형 지붕 확장 사례는 창덕궁 후원에 있는 존덕정이 대표적이다. 존덕정은 겹처마로 우아하고 화려한 자태를 뽐내는 고급 정자 건물이다.

그러나 만약 경호정 처마 확장을 존덕정 같이 층단지게 했다면, 처마가 너무 낮아져서 건물 내부가 어두워지고, 시야 간섭으로 경관도 해쳤을 것이다. 존덕정은 처마를 낮춰도 될 만큼 기둥이 충분히 높은데다, 건축비 제약이 없던 궁궐 건물이니 사정이 다르다.

경호정은 처마 확장으로 빗물 피해를 줄이되, 집이 어두워지지 않도록 최대한 처마 높이를 유지하고자 했다.

부춘정

부춘정 전경. 강줄기가 한눈에 보이는 전망 좋은 언덕에 있다. (2021. 1. 장흥)

부춘정은 용호정과 경호정을 합쳐놓은 느낌이 난다. 강변 절벽 위 비경을 차지한 용호정의 입지와 단정한 건축미를 떠오르게 하고, 마을 주민들이 애용한 경호정의 공동체적 성격도 함께 지니고 있다. 부춘정도 마을 입구 높은 언덕에 놓여 강줄기가 한눈에 들어오는 수려한 경관이 인상적이다.

부춘정은 세 정자 가운데 가장 오래된 건물이다. 최초 건립된 것은 조선 중기이며, 조선 후기에 현재의 김씨 문중이 사들여 관리한 정자다.

건물도 격식을 갖췄다. 소박하되 단정한 자연석 기단 위에 공들여 깎은 둥근 기둥으로 멋을 냈으며, 기둥 상부에는 화려하게 조각한 부재를 끼워 넣어 장식했다.

기둥머리에 끼워 넣은 두 단의 조각 부재를 '익공'이라 한다. 새의 날개 형상이어서 붙여진 이름인데, 익공이 사용된 건물은 익공양식으로 구분하고, 두 단의 익공이 사용된 부춘정은 이익공양식으로 볼 수 있다. 익공양식은 조선 중기에 안착했다. 관공서나 사대부의 정자 건축은 물론, 궁궐과 사찰의 부속 건물에 널리 쓰였고, 민간 주택건물에서는 흔치 않다.

그러므로 부춘정은 용호정과 경호정에 비해 다소 격식을 갖춘 건물인 셈이다.

부춘정의 익공은 조선 후기 양식의 화려한 조각으로 장식됐다. 아마도 조선 중기에 처음 지어진 이후 여러 번 대규모 보수를 거치면서 후대 양식이 반영된 것으로 보인다.

소나무 숲과 정자, 탐진강이 보이는 경관이 수려해서, 이 일대 전체가 '부춘정 원림'으로 지정 관리되고 있다. 넓은 마당 한쪽으로 단정하게 자리 잡은 정자와 소나무 숲이 어우러진 기품에서 조선시대 '뷰맹 명소'의 수준을 엿볼 수 있다.

7

—

안방_집의 컨트롤 타워
장흥 죽헌고택 안채

집도 사람처럼 스펙 보다는 내실이 중요하다. 건축적 가치가 높아 국보나 보물로 지정됐다고 다 멋지고 볼 게 많은 건 아니다.

9년쯤 전에 나는 봉정사 극락전을 보려고 안동 깊은 산골짜기까지 갔다가 좀 허탈했던 기억이 있다.

봉정사 극락전은 국보로 지정된 고려 말기 건물 중 건축 시기가 제일 앞서고, 현존 국내 목조건물 가운데 가장 오래됐다. 이 건물은 특히 후대와 구별되는 이른 시기의 건축양식을 보여 학술적으로도 귀중한 문화유산이다. 당시 나도 통일신라 기법이라는 집의 짜임이 지금의 한옥과는 전혀 달라 신기했다. 그런데 딱 그거뿐이었다. 다른 재미는 별로 없었다. 정면 3칸 측면 1칸 맞배지붕의 작은 건물 자체는 더 볼 게 없었다. 내가

죽헌고택 솟을대문 (2021. 11. 장흥)

만약 한국 건축에 반쯤 눈먼 한옥 목수가 아닌 '정상인'의 눈으로 봉정사 극락전을 봤다면 아무 감흥이 없었을지도 모른다.

반면, 지정 등급은 낮아도 알맹이 꽉 차고 볼거리 풍성한 문화재들이 우리 주변에는 많다. 이 문화재들의 상당수는 단지 비슷한 사례가 많거나, 아직은 건축 시기가 그리 오래되지 않아 덜 주목받고 있을 뿐이다. 그중 어떤 것은 새로운 가치가 재조명되면, 높은 등급의 문화재로 다시 지정되기도 한다.

장흥 죽헌고택도 그럴 거 같다. 이 집은 지방문화재지만 조선 후기 한옥의 세부 구성 요소가 잘 남아 있고, 옛 농촌 생활상을 생생하게 전하는 흥밋거리도 많다. 특히, 20세기 초중반 전라도 상류 주택의 건축 기법이 잘 나타나서 수십 년 이내에 문화재 지정 등급 상향조정도 기대할 만하다.

문화재 명칭인 '장흥 죽헌고택'은 집주인의 선조인 죽헌 위계창 (1861-1943)의 호를 땄다.

고택에는 안채, 사랑채, 곳간, 대문, 사당까지 다섯 채의 건물이 있다. 집을 이루는 각 건물과 내부구조가 원형대로 잘 보존된 것이 문화재 지정 당시 높이 평가됐다. 죽헌고택에서 가장 눈여겨볼 건물은 안채와 사랑채다. 이중 사랑채는 1919년 죽헌 선생이, 안채는 그 아드님이 1940년대에 신축했다.

이 집은 바깥 풍경도 아름답다. 안방 문을 열고 앉으면 마을 앞 들판이 내려다보이고, 멀리 천관산 정상 기암괴석이 한눈에 들어온다. 천관산은 문화재청이 2021년 3월 '명승'으로 지정한 지역 명산이다.

집이 자리한 언덕 주위로는 팽나무와 대나무 숲, 오래 묵은 수목들이 병풍처럼 집을 감싸고 있다. 집 안 곳곳에는 자연스럽게 배치된 크고 작은 축대, 나무, 풀꽃들이 주위 경관과 어우러지며 건물과 조화를 이룬다. 안 꾸민 듯 잘 꾸며진 천연스러운 죽헌고택의 정원은 지난봄 '한국 민가 정원'으로 지정되기도 했다.

대문채

대문채는 기둥 네개를 세운 '사주문'에 앞뒤로만 지붕을 이은 맞배지 붕 건물이다. 대문 양옆으로 기둥보다 낮게 흙과 돌로 쌓은 토석 담장이 이어진다.

보통 사주문을 평지에 만들 때는 앞 기둥 두 개를 담장 밖으로 돌출시켜 세우고 담장을 대문채 측면 중앙에서 이어간다. 이렇게 하면 전후 기둥 중앙에 문짝이 달리게 된다. 이 집은 언덕 경사지에 자리 잡아 사주문 바깥 기둥 열에 담장 선을 맞춰 안정감을 얻었다. 문짝도 대문채의 측면 중앙이 아닌 사주문 바깥 기둥 열에 달았다.

대문을 열고 들어서면 수직 방향으로 안채가 보인다. 이 중심선을 기준으로 왼쪽 아래에 사랑채 구역이 있고, 안채의 오른쪽 뒤에 사당이 있다. 곳간채는 안채 왼편에 구획한 별도의 마당에 지었다.

대문에서 안마당으로 오르는 높은 계단 위에 좌우로 짧은 담장이 보인다. 이 담장의 위치와 크기는 세심하게 계산된 것이다. 대문을 들어선

죽헌고택 안채 (2021. 11. 장흥)

사람의 시선에서 안채의 안방과 정지(부엌) 쪽을 가리고 있다. 외부인의 사랑채 방문 시 집안 여성들의 사생활 보호 기능을 갖는 '내외 담'이다.

안채는 우리나라 남부지방에 많은 'ㅡ'자형 건물이다. 마당보다 높게 기단을 만들고 건물을 올렸다. 큰 건물 규모에 비례감을 잃지 않도록 기단을 충분히 높인 덕분에 집이 당당하다.

기단을 자세히 보면, 맨 윗돌인 '기단 갑석'이 다른 돌과 다르게 다듬은 '장대석'이다. 조선 초기 건물로 건축사적 가치가 높아 국보로 지정된 인근 강진의 무위사 극락전 기단이 이와 비슷하게 자연석을 쌓고 위에 장대석을 올려 마감했다. 답사 당시 안내를 해주신 주인에게 이 얘기를 했더니 "그걸 보고 만들었을 수도 있겠다" 하셨다. 실제로 전국의 고택들을 보면 같은 지역 내 건물들끼리 건축기법이나 장식이 비슷한 경우가 많다.

건물은 전면 6칸에 측면 2칸인 '겹집'이다. 측면에서 볼 때 앞뒤로 두 칸인 집을 겹집이라 하는데 측면 한 칸인 '홑집'보다 격이 높다. 기후가 온난한 전라도 지역에서는 오래전부터 홑집이 많았었다. 조선 후기 들어 새롭게 재산을 축적한 부농들이 생활편의를 위해 겹집을 짓기 시작했는데, 지금 남아 있는 고택들은 대부분 죽헌고택처럼 겹집이다. 홑집보다 방이 넓어진 겹집은 가운데 미닫이문을 설치해 상하로 방을 나눠 사용하기도 한다.

안채

안채 각 칸의 용도는 먼저 맨 왼쪽 두 칸이 정지(부엌)와 광이다. 정지에는 방에 불을 지피고 음식을 만드는 부뚜막 아궁이가 있고, 조리한 음식을 보관하는 장소도 만들어져 있다. 연기가 잘 나가도록 벽에 살창을 냈고, 판문을 달았다. 정지 아궁이에 접한 세 번째 칸이 안방이다.

안방 오른쪽 네 번째와 다섯 번째 칸은 하나로 합쳐진 대청마루다. 대청마루는 여름철 생활공간이자 집안 행사를 치르는 곳이다. 밖에서 언뜻 보기에는 똑같은 세살문이 달려있어 다른 방과 구분되지 않지만, 마루 밑에 구들을 넣지 않아 집 뒤안과 통해 있다. 여름철이면 집 뒤 숲에

죽헌고택 안방에서 눈곱재기 창으로 보이는 대문간과 사랑채 (2021. 11. 장흥)

서 마당 쪽으로 이 통로를 타고 시원한 바람이 지나간다. 이처럼 문이 설치된 마루방을 '마리' 또는 '마래'라고 하는데, 전라도 해안지방의 특징적인 공간이다. 집에 따라 곡식이나 음식 보관소 등 다용도로 쓰였다. 내가 어린 시절 살았던 고향 집에서도 어머니께서 설날 음식을 만들어 보관하시곤 했는데, 여기를 '말래'라 불렀다.

맨 오른쪽 건넛방은 남성이 사용하는 방이다. 별도의 아궁이가 설치되고 방은 상하로 나뉜다.

눈곱재기 창

총 다섯 채의 건물로 이뤄진 이 집에서 가장 중요한 건물은 당연히 주인 내외가 거주하는 안채다. 다른 건물들은 모두 안채를 중심에 두고 각각의 동선을 고려해 배치됐다.

안채에서도 특히 안방은 집안일을 지휘 감독하는 안주인의 거처로 집 전체의 중심 공간이다.

죽헌고택 안방 문에는 집의 컨트롤 타워 기능을 상징적으로 보여주는 장치가 있다. 영창에 내놓은 '눈곱재기 창'이다. 방한 단열을 고려한 겹창 구조인 안방 창호는 바깥쪽에 여닫이 쌍창을 하고 실내 쪽으로 미닫이 영창을 했다. 보통 영창은 채광 간섭을 줄이기 위해 살의 간격이 넓고 개수가 적은 완자나 만자살을 설치한다. 이 집 영창도 변형된 완자살을 했다. 그런데 특이하게도 창의 하부에서 문양 한 칸을 다른 것보다 크게 만들고, 한지 대신 유리를 끼워 바깥이 보이도록 설치했다. 이처럼 문을 열지 않고 바깥을 살필 수 있게 창 속에 다시 작은 창을 낸 것을 '눈곱재기 창'이라 한다.

두 개가 쌍을 이룬 죽헌고택 눈곱재기 창은 특정한 두 장소를 각각 보여준다. 대문에서 안채로 올라오는 계단과 사랑채에서 안채로 올라오는 길. 즉, 손님이나 사랑채의 움직임을 살피고 대처할 수 있도록 한 것이다. 그러니 안방은 지금으로 치면 CCTV 화면을 띄워 보는 상황실 같은 곳이기도 했다.

집주인의 호의로 안방에 앉아 차를 마시며 내다보니 감탄이 저절로 나왔다. 이 눈곱재기 창은 안방에 앉은 사람의 시선 높이를 측정해 창호 제작 전에 미리 설계해서 만든 것 같다.

민간 주택에 유리 사용이 일반화된 것은 1900년대 이후 일이다. 기존 한지를 바른 눈곱 재기 창과 달리 이처럼 유리를 끼운 것은 이전 시기 주택에서는 볼 수 없는 변화다.

정지(부엌)와 굴뚝

안방과 세트로 붙어있는 정지(부엌)는 주택에서 또 하나의 필수 공간이다. 정지는 난방과 음식 조리가 동시에 이뤄지는 곳이다. 서민의 민가는 방과 정지만으로 간략히 구성된 예가 많았지만, 상류층의 반가 건축은 죽헌고택처럼 안방의 한쪽이 대청마루면 다른 한쪽은 정지가 되고,

죽헌고택 정지(부엌) (2021. 11. 장흥)

안방을 중심으로 세 곳이 연결된다.

그런데 온돌방, 부엌, 대청마루를 한 건물에 다 갖춘 주거 형태의 등장은 생각보다 그리 오래되지 않았다.

한반도에서 온돌방과 마루방은 오랜 세월 동안 각자 따로 있던 건축이었다. 온돌은 같은 건축 문화권인 중국, 일본에 없는 한반도의 독특

죽헌고택 굴뚝 (2021. 11. 장흥)

한 난방방식으로 선사시대 유적의 줄 구들이 초기 형태다. 마루방도 삼국시대 유물 등 사례가 많다. 옛 가야지역에서 나온 토기 중 바닥에 마루를 깐 누각 모형도 그중 하나다.

한반도 북쪽 추운 지방의 온돌과 고온 다습한 지역의 마루가 한 건물 안에서 합쳐져 독특한 한국 주택문화를 이룬 것은 대략 12c에서 14c에 생긴 일로 본다. 그전까지는 음식 조리 공간이 별도 건물에 따로 있거나, 주택 안에 있더라도 난방과 분리됐다. 난방을 위해 불을 지피는 아궁이는 실외에 별도로 있었다.

구들은 방바닥보다 낮게 땅을 파서 불기가 지나는 통로를 만든 다음 부엌에서 불을 넣고 굴뚝은 집 밖에 설치해 연기가 빠져나가게 했다. 죽헌고택의 구들도 마찬가지 방식으로 만들어졌다. 아궁이에는 가마솥을 걸고 난방에 사용된 열기로 음식을 조리했다.

어떤 사람은 한국 음식에 탕 같은 오래 끓이는 요리가 많은 것을 온돌 문화의 영향으로 설명하기도 한다.

죽헌고택의 굴뚝은 붉은 벽돌로 높게 쌓아 올려 한껏 멋을 냈다. 경복궁 왕비 거처인 교태전 아미산 굴뚝이나 대왕대비의 자경전 십장생 굴뚝을 떠오르게 한다. 굴뚝 상부에는 기와를 구워 만든 '연가'라는 지붕을 설치해 빗물을 가리며 치장했고, 그 밑에 우아한 자태의 학이 장식되어 있다.

조선 후기 반가 건축에서는 궁궐을 제외하고 이만한 규모로 크고, 화려하게 장식된 굴뚝은 흔치 않았다. 1900년대 지방 부호들의 집에서 나타나는 새로운 경향으로 보인다.

화려한 조각과 치목기법

죽헌고택 안방에서 보이는 천관산 정상 (2021. 11. 장흥)

죽헌고택 안채를 지을 당시 이 집 건축주는 재정 여력이 넉넉했던 것 같다. 사용된 목재 규격이 크고, 집 규모가 장대하며, 목재 세부 가공이나 짜임에 공들인 흔적이 뚜렷하다.

궁금해서 주인에게 물었더니 당시 간척사업으로 큰 수익을 낸 할아버지께서 지은 집이라고 귀띔하셨다.

주인 말씀으로는 인근 솜씨 좋은 어느 목수가 이 동네 집들을 도맡아 지었는데 안채도 그분이 작업하셨다고 한다. 그래서인지 이 동네에 문화재로 지정된 건물 중 여러 채에서 서로 비슷한 기법이 보인다. 이 집 서까래 깎은 솜씨도 그중 하나다.

서까래는 지붕 무게에 따라 굵기가 달라진다. 집이 작으면 가늘게 쓰고, 이 고택처럼 집이 크면 지붕 위에 얹는 흙과 기와의 무게도 늘어나니 이를 감당하도록 굵은 목재를 쓴다. 문제는 굵은 서까래의 뭉툭한 끝부분을 그대로 두면 처마 끝이 답답해 보이는 것이다. 이때 하는 서까래 '소매걷이' 기법은 서까래 끝을 살짝 다듬어 지붕 끝 선이 날렵해 보이도록 만드는 '치목' 기법이다. 치목은 목수가 집을 짓기 위해 나무를 깎고 다듬는 일이다.

그런데 이 집 안채에 사용된 소매걷이는 문화재 보수 현장에서 하는 일반적인 방법과 좀 달라 보인다.

보통 기둥 밖에 나온 서까래 끄트머리 1/3 지점에서부터 줄여 깎아 끝 단면을 기둥 쪽보다 약간 작게 한다.

그런데 이 건물 소매걷이는 기둥 위치에서부터 전체적으로 확연히 줄여 깎아서 전혀 다른 미감이 난다. 이 마을에 있는 다른 고택들에서도 이와 같은 기법이 쓰였다.

물론, 다르다고 틀린 것이 아니다. 구조적 결함이 아니면 다양한 기법은 그 자체로 보존될 가치가 있다. 예나 지금이나 목수 기문에 따른 기법 차이는 자연스러운 일이다. 세월이 지나 후대에 이 건물을 보수한다면 아마도 여기 있는 기법을 원형으로 삼아 그대로 보수하게 될 것이다.

어쨌든, 저토록 아름답게 일일이 서까래를 깎아 내려면 훨씬 많은 공력이 들었을 것임은 분명하다. 덕분에 처마 끝이 더없이 사뿐해 보인다.

안채 문틀 위 기둥 옆에 끼운 조각 장식 판재는 굴뚝 꼭대기 학 장식만큼이나 감탄스럽다.

얇은 판재를 양각해서 학, 나비, 글자 등을 새겨 놓았는데 그림과 조각 솜씨가 조잡하지 않고 세련되며 생동감 있다.

이전 시기 주택에서는 좀처럼 보기 어려운 고급 장식이다. 이 시기 작업 도구 발달에 따른 변화가 아닐까 짐작한다.

죽헌고택 안채의 화려한 조각 장식 (2021. 11. 장흥)

8

정원이 아름다운 집
'한국 민가정원'으로 지정된 죽헌고택

죽헌고택 안마당 권역에는 안채 좌우로 건물이 한 채씩 더 있다. 왼쪽 마당 가에 헛간채가 있고, 오른쪽 언덕에는 따로 단을 두고 정갈한 사당이 있다.

그런데 정작 눈길이 먼저 가는 곳은 따로 있었다. 두 건물 말고도 안채 오른쪽 앞 가까운 위치에 단의 흔적으로 보이는 돌들이 흥미를 끈다.

별당 터

나는 지난번 답사 때에도 이곳에 건물이 더 있지 않았을까 궁금했었다. 이 자리는 주위 공간에 여유가 있고 외부 조망도 좋아서 안 사랑채 자리로 적당해 보였다.

이번 방문에서 그 답을 확인했다. 이곳은 별채가 있었던 자리라고 한다. 고택에서 자란 집주인의 어린 시절 그 건물은 여성 손님이 오면 머무는 장소였다. 남성 손님 공간인 사랑채와 구분해서 따로 담장을 두른 안채 구역에 지었다. 어머니 쪽 집안 어른들이 자주 사용했다고 한다.

이런 건물은 별당 또는 안 사랑채로 불렀다. 전국의 대규모 고택에서 흔하게 볼 수 있다. 조선 후기에 호화롭게 지은 지방 저택 중 '아흔아홉 칸' 대규모로 잘 알려진 강릉 선교장에는 안채 가까이 양쪽으로 동별당과 서별당이 있다.

선교장과 비슷한 건축 연대인 정읍 김동수 가옥에도 안 사랑채가 있다. 김동수 가옥 안 사랑채는 집안에서 가장 깊숙한 위치에 자리 잡았다. 대문을 들어서 오른쪽에 사랑채 권역이 있고, 직선 방향으로 넓은 안채 권역이 있다. 안마당을 가로질러 안채 옆으로 돌아가면 따로 마당을 갖춘 안 사랑채가 있다.

이처럼 별당과 안 사랑채는 저택에서 가장 은밀하고 안온한 곳에 자리 잡았다.

안채 곁이나 뒤에 따로 지은 별당은 어린 자녀나 노모의 거처로도 사용됐고, 여성 손님이 머물기도 했다. 또, 성년이 된 결혼 전의 딸이나 시집온 며느리가 사용하기도 했다. '별당 아씨'나 '별당 마님' 같은 호칭은 여기서 생긴 것이다.

죽헌고택의 별채는 어떤 모습이었을까. 고증을 통한 복원으로 원래의 배치 공간감이 되살아나면 좋겠다.

죽헌고택 헛간채 (2021. 11. 장흥)

헛간채

헛간채는 곡식을 보관하는 등 다용도 수장 공간으로 쓰였다. 살림살이가 보관되니 안채의 정지와 가까이 배치된다. 규모가 큰 고택에는 이런 창고건물이 여러 채 있었다.

일꾼들의 숙소를 겸하는 바깥 행랑채 근처에 농기구 보관이나 마구간 기능의 건물을 두고, 안채에서 가까운 창고에는 안살림에 필요한 물품을 보관한 것이다. 죽헌고택에도 과거에는 헛간채에 더해 대문간 행랑채가 따로 있었다.

죽헌고택의 지금 헛간채는 집주인 어린 시절의 모습과 똑같다고 한다. 평면은 'ㄱ'자 꺾인 집으로 7칸이다. 측간(화장실) 2칸, 전면 벽체 없는 수장 공간 2칸, 판문이 달린 곳간 2칸, 퇴비 공간인 나머지 한 칸이다.

지붕은 볏짚 엮어 이엉을 얹은 초가지붕이다. 과거 농촌 마을에서는 가을 추수가 끝나면 집마다 볏짚을 가져다 길게 엮어 발을 만들었다. 발을 둥글게 말아 이엉 뭉치를 만든 후 지붕에 올려놓고 처마 끝에서부터 옆으로 펼쳐서 지붕을 이었다. 한 단씩 상하 겹쳐가며 깔아 올라가고, 지붕을 다 덮고 나면 긴 대나무를 가로로 대고 새끼줄을 묶어서 고정한다.

죽헌고택 헛간채 초가지붕을 엮은 새끼줄은 사선으로 묶인 마름모 문양이다. 초가지붕을 고정하는 새끼줄 동여매기 수법은 기후와 지역에 따라 차이 난다. 바람이 많은 남서해안에서 쓰던 묶기 법이 이 같은 사선 방향의 마름모 묶기다. 반면, 바람이 덜한 평야 지대에서는 보통 평행 줄로 묶었고, 태풍 피해가 큰 제주지역 샛집(억새로 이은 지붕)에는 이보다 굵은 새끼줄로 촘촘하게 직사각형의 격자 모양으로 묶었다.

죽헌고택 주인은 요즘 생산되는 볏짚은 길이가 짧아 초가지붕 관리에 어려움이 있다고 했다.

전통 흙벽 바름

고택 헛간채 판문을 열어보면, 서까래 사이 천장 황토보다 유난히 거무스름한 흙벽이 눈에 띈다. 주인은 논에서 흙을 퍼다가 볏짚을 섞어 바른 것이라 했다. 논흙은 퇴비 성분이 많아 어두운 카키색이나 다크 그린에 가깝다. 바른 후 습기가 빠지니 검게 보이는 것이다. 논흙은 수렁의

헛간채 흙벽 바름. 논흙에 볏짚을 이겨 발라서 연한 검정색이 보인다. (2021. 11. 장흥)

진흙처럼 찰지고 접착력이 좋으니 벽체 바름으로는 탁월한 선택 같다.

일반적으로 건축물의 문화재적 가치를 평가할 때 건축 기법과 재료의 '진정성'은 중요한 판단 기준이 된다. 여기서 '진정성'은 'authenticity'의 우리말 번역이다. 말하자면, 특정 시대에, 그 지역에 통용되던 기법을 사용해, 그곳의 재료로 만든 고유의 것인지를 보는 기준 개념이다. 헛간채 벽에 발라진 거무튀튀한 논흙 바름도 바로 그런 재료상의 가치가 있다.

만약 누군가 덜 이쁘다고 천장과 똑같이 황토흙을 발라 고쳐 놓으면 오히려 문화재 훼손일 수 있다. 실제로 문화재 보수 공사 시 재료나 기법 상 특이한 광경을 보는 경우가 흔하다. 이때 설령 그것이 일반적인 사례나 방법에서 벗어났더라도 원형 그대로를 보존하며 수리하는 것이 원칙이다. 죽헌고택 헛간채 내벽의 논흙 바름도 마찬가지일 것이다.

사당 건물과 '한국 민가정원'으로 지정된 죽헌고택의 정원

사당과 노거수 (2021. 11. 장흥)

죽헌고택 사당은 단칸에 맞배지붕을 올린 초소형 건물이다. 그러나 전혀 왜소하지 않다. 왠지 오히려 작아서 더 강조되는 느낌이 든다. 나는 비슷한 감흥을 창덕궁 후원에 있는 애련정에서 느낀 적이 있다.

창덕궁 후원은 조선 후기 조경술의 집약이자, 정점의 경지를 보이는 전통 정원으로 평가된다. 이곳은 또, 정교하고 화려한 "조선 후기 목조건축의 전시장"으로 불릴 만큼 아름다운 정자 건물이 많다. 애련정도 그중 하나다. 애련정은 극도로 정교하고 단정한 초소형 정자다. 자연지세를 따라 정돈된 숲길을 걷다가 작은 골짜기에 접어들면 문득 드넓은 호수(애련지)가 나타난다. 물 건너편 호숫가 축대에 겨우 두 사람 정도만 사용 가능한 작은 정자가 보인다. 주변에는 아무것도 더하지 않았다. 애련정은 작아서 강조된 정취가 있다.

죽헌고택 사당 주변에도 특별한 조경이나 건축행위는 보이지 않는다. 그럼에도 주변 경관이 아름다워서인지 사당 건물이 돋보이는 느낌이 든다.

이 고택의 사당은 애련정만큼이나 작고 단정하다. 전면에만 널판 벽과 널판 문을 달았고, 측면과 뒷면은 흙벽과 화방벽을 두른 전형적인 사당 건물 외형이다. 화방벽은 기존 흙벽에 흙과 돌, 벽돌 등을 사용해서 밖으로 한 벌 더 쌓아 붙인 벽체다. 화재방지 기능으로 설치되면서 붙여진 이름이지만, 서울 종묘를 비롯한 제례 건물이나 민간 사당에 사용된 화방벽은 화재방지보다는 차단과 보호 의미의 의장적 기능을 갖는다.

죽헌고택 사당은 마을 앞 들판 멀리까지 조망되는 탁 트인 자리에서 집 주변의 아름다운 경관을 독차지하고 서 있다. 사당 앞을 버텨선 노거수와 어우러져 신비감마저 감돈다.

퇴직 후 고향에 내려와 고택을 관리하며 지내는 죽헌고택 주인은 매우 부지런하시다. 답사 당일 내게 집 주위 수목과 숲 해설도 해 주셨다. 죽헌고택은 대지 외에도 언덕과 숲까지 면적이 수천 평에 달한다. 주인은 오랫동안 숲에 묻혀 사용되지 못한 어릴 적 오솔길을 복원해 다듬고 있었다. 대밭을 정리하자 동백나무가 드러나면서 언덕은 동백 숲으로 변신 중이고, 다른 고택들과 연결된 뒷길은 "고택 산책길"로 이름 지었다며 자랑하셨다. 죽헌고택은 지난봄 국립문화재연구소와 산림수목원에 의해 '한국 민가정원'에 지정됐다. 감나무, 단풍나무, 유자나무, 배롱나무 등이 지역의 수목들과 지세가 잘 어울려 경관이 빼어난 민가의 정원으로 그 가치를 인정받은 것이다.

죽헌고택 안채 우측 사당 주변의 빼어난 경관 (2021. 11. 장흥)

9

—

100년 전 신식 별장
죽헌고택 사랑채

고택을 다녀보면 같은 집이 없다. 시대마다 유행이 다르고 양식이 같아도 목수 솜씨가 다르고, 한 목수가 지어도 주인 취향이나 입지 조건이 제각각이니 당연하다.

그러니 집마다 특징과 개성이 있고, 고유한 멋도 있다.

집의 내력과 스펙을 알면 고택 감상이 더 재미 날 순 있지만, 모른다고 문제 될 건 없다. 원산지나 학명 같은 거 몰라도 꽃은 이쁘고 향기롭다.

그런데도 굳이 답사기를 쓰느냐고? 매뉴얼 안 읽으면 불안한 사람도 있는 거니까. 나처럼. 또 좀 알고 보면 없던 호기심도 생기고. 뇌세포는 새로운 자극을 좋아한다고도 하고.

죽헌고택 사랑채는 1919년에 지었다. 이 집에서 가장 오래된 건물이다. 정면 5칸 측면 2칸에 맨 오른쪽 전면 한 칸은 대청마루를 깔고 팔작지붕을 했다. 너무 크지도 작지도 않고, 평면만 보면 보통의 살림집 같다. 그런데 집의 실제 모습과 전체적인 느낌은 전혀 다르다. 이 집 사랑채는 고택 안에 있는 별장 같다. 어떻게 이런 분위기가 나는지 신기한 생각이 들어 자세히 따져 보고 싶어졌다.

죽헌고택 사랑채 출입문 (2021. 11. 장흥)

시골마을 오래된 건축 뜯어보기

일각문

사랑채 출입문은 대문 안쪽 왼편 담장에 있다. 사랑채 구역을 구분하기 위해 길게 설치한 담장 앞쪽 일부를 끊어서 기둥 두 개를 세우고 서까래 (목기연) 위로 기와를 얹어 판문을 보호했다. 두 개의 기둥만 썼다 해서 일각문이라 한다. 목기연을 받치는 네 개의 얇은 각재는 후대에 설치한 보조 기둥이다.

문을 여기 둔 것은 사랑채 손님은 안채를 들러서는 안 되고 곧장 진입하라는 뜻이다. 그런데, 지금은 무슨 이유인지 잠겨서 사랑채를 보려면 계단을 올라가 안채와 사랑채 간 출입구를 이용해야 한다. 물론, 이 통로도 사랑채를 처음 지었던 당시부터 있었던 것이다.

빈지널 판벽

사랑채 뒤로 진입하면 툇마루와 함께 왼쪽 판벽이 눈에 띈다. 상중하 인방을 가로지르고 사잇기둥 한두개를 받친 다음 판재를 눕혀 끼웠다. 왼쪽 두 기둥 사이에는 판재 13장을 차곡차곡 쌓듯이 끼웠는데 이처럼 널을 눕혀 끼워 만든 벽을 빈지널 판벽이라 한다. 답사 당시 집주인이 판재를 위에서부터 뺐다가 다시 끼우는 방식이라고 설명했다. 맞다. 어릴 적 우리 동네에도 있었다. 과거 대규모 농사를 짓던 부농가의 곡식 창고 같은데 많았다. 어떤 집에는 널판에 순서대로 번호를 적어두기도 했다.

빈지널 판벽 (2021. 11. 장흥)

뺐다가 다시 끼울 때 순서가 바뀌면 틈이 생기고 잘 안 맞는다. 빈지널 방식의 판벽은 곡식을 채웠다가 위에서 덜어 꺼내 쓰기 편리하다.

건물을 돌아 앞으로 가면 전혀 새로운 공간이 펼쳐진다.

한쪽에 소담한 연지(연못)를 갖춘 작은 정원이 있고 개방감 좋은 마루가 나타난다. 정원 바깥으로는 토석 담장을 길게 둘러 마을 앞길로부터 사랑채 구역을 에워싸고 있다. 담장이 꽤 높은데도 멀리 천관산까지 한눈에 들어오는 경관이 훌륭하다.

죽헌고택 사랑채가 막힘없는 조망과 정원의 아늑함이라는 언뜻 상반되는 두 느낌을 동시에 갖춘 것은 아마도 높은 기단 덕분일 것이다. 경사지에 집을 지으면 높은 곳을 깎아내거나 낮은 곳을 채워 터를 닦는다. 이집 건축주는 언덕에 우뚝 세워 멀리까지 시야를 확보했다. 이를 위해 앞부분에 석축을 쌓은 것이다.

그런데 단을 상하 두 단으로 나누어 설치했다. 한단 통으로 쌓으면 너무 높아 시각적으로 부담되고 실제로도 위험할 수 있다. 보성 강골마을 열화정 기단은 아주 높게 설치된 사례다. 죽헌고택 사랑채는 집의 높이를 확보하면서도 축대를 둘로 나눠 위압감을 덜었다.

가적지붕 ; 덧달아 낸 처마

죽헌고택 사랑채의 건물 구조상 특징은 전면 지붕이다. 건물 앞에 처마를 덧달고 지붕을 연장했다. 지붕을 길게 내민 후 건물 맨 왼쪽 방 앞에 넓은 누마루를 설치했다. 그 결과 이 집은 왼쪽에 누마루와 오른쪽 기존의 대청까지 널찍한 마루를 두 개나 갖춘 사랑채가 된 것이다.

이렇게 확장된 지붕을 '가적지붕' 또는 '눈썹지붕'이라 한다. 문화재 건물 중 이와 비슷하게 지붕을 확장한 예로는 안동 도산서원 안에 있는 도산서당의 측면 지붕이 있고, 논산 돈암서원 강당도 잘 알려진 사례다. 도산서당은 퇴계 이황이 직접 설계도를 그려서 가까운 스님 목수에게 공사

죽헌고택 사랑채 (2021. 11. 장흥)

를 의뢰한 건물이다. 또 돈암서원은 김장생을 배향한 서원으로 고대 예법과 그 이론을 깐깐하게 재현해 지은 건물로 유명하다.

그런데 이 건물들의 가적지붕은 모두 건물 측면에 덧댄 형태라는 점에서 죽헌고택과는 차이가 있다.

죽헌고택 가적지붕은 대담하게 전면의 모양새를 변형시킨 점에서 눈에 잘 안 띄는 측면에 제한적으로 부가된 그 이전의 가적지붕하고는 결이 달라 보인다.

죽헌고택의 지붕 확장은 도산서원 도산서당이나 돈암서원 응도당 보다는 한참 후대에 지어진 창덕궁 연경당 선향재 앞의 채양이나, 강릉 선교장의 사랑채인 열화당의 것과 맥락이 비슷하다.

이는 시대상의 변화 즉, 새로운 건축 흐름을 반영한다. 선향재와 열화당에는 19세기 왕실과 상류 권력층 사이의 새 유행이 나타난다. 선향재는 청나라풍 건물로 지은 왕의 서재이고, 열화당 앞의 채양은 당시 러시아에서 들여온 구조물이었다.

생활편의

즉, 조선 중후기까지는 유교 예법과 사대부의 격식을 의식하며 규범을 따르던 상류층 건축이 구한말 격동기를 전후로 생활상의 편의 확대를 위해 변신하는 모습이 두 건물에 나타난다.

당시 지방 부호들의 건축에도 비슷한 흐름이 확인된다. 안채와 사랑

죽헌고택 사랑채 전면 지붕 확장 부위 (2021. 11. 장흥)

채를 복도로 연결한다든지, 사랑채에 유리문을 설치하는 등의 변화가 그 것이다.

죽헌고택 사랑채의 기발한 지붕 확장에서도 과거의 틀에 얽매이지 않고 생활편의를 위해 건축에 새로운 시도가 이뤄지던 당시 분위기를 읽을 수 있다.

죽헌고택 사랑채의 지붕 확장 부위를 자세히 보면 구조적으로 매우 합리적이다.

지붕 연장이 없었다면 상부 기단 끝 선이 처마 내밈의 최대치가 된다. 그대로 뒀다면 건물이 높아 비바람에 창호지까지 젖었을 것이다.

거꾸로, 만약 평지에 지은 건물이었다면 이만큼 길게 앞 처마를 연장할 수는 없었을 것이다. 기존 지붕의 경사를 따라 처마를 늘리면, 눌러쓴 모자챙이 눈을 가리는 것처럼 답답해지고 말기 때문이다. 그런데 죽헌고택 사랑채는 2단의 석축 위에 올려진 건물이다. 덕분에 길게 처마를 내밀어도 시야 간섭이 덜하다.

구조적 합리성

즉, 높은 경사지 건물의 약점을 보완하는 한편, 그 이점을 살려 과감하게 건물 앞의 처마를 늘려 놓은 것이다.

덕분에 죽헌고택 사랑채는 기단 상면(토방)이 마루의 연장 같은 느낌이 나고, 대청마루도 빗물 드는 일이 없게 됐다.

확장한 처마지붕 덕분에 설치할 수 있게 된 좌측 누마루가 사랑채의 뷰포인트다. 앉아 있으면 들판이 한눈에 들어온다. 이 누마루에서 내려다보이는 가까운 곳에 연못을 만든 것도 그 때문일 것이다. 이 누마루를 만들기 위해 처마를 늘렸다고도 볼 수 있다.

죽헌고택 사랑채 (2021. 11. 장흥)

시골마을 오래된 건축 뜯어보기

죽헌고택 사랑채는 안채와 달리 장식을 배제한 담백한 모습이다. 누마루에는 화려한 계자각(닭 다리 모양의 조각 장식된) 난간 대신 간략한 평난간을 둘렀다. 전면 덧기둥에는 사다리꼴 장주초석을 길게 다듬어 받쳐서 한층 날렵한 느낌을 준다. 이 사랑채는 고급 치목기법이나 화려한 장식보다는 실용성에 초점을 둔 건물이다.

공간의 변화

오른쪽 기존 대청마루와 새로 만든 누마루를 툇마루로 연결함으로써 건물의 모든 방과 마루가 하나의 동선으로 연결됐다. 덧달아낸 가적지붕으로 전면 공간이 넓어지니 정원과 외부 경관을 더 여유롭게 즐길 수 있다.

죽헌고택 사랑채는 경사지의 높은 축대를 활용해 확장한 전면 처마로 생동감 있는 공간변화에 성공한 멋진 건물이다.

죽헌고택 대청마루 (2021. 11. 장흥)

10

—

천년 고찰의 위안
장흥 보림사

보림사는 장흥에서는 비교적 산간지대인 북부지역의 깊은 계곡 사이에 숨어있는 천년 고찰이다. 골짜기에 흐르는 개천을 따라 국도를 타고 산자락 사이로 들어가다가 어느 모퉁이를 돌면, 예상치 못한 곳에서 갑자기 절터가 나온다.

보림사는 산속에 있지만 등산 없이 일주문이 나오는 평지 사찰이다. 비좁은 계곡 사이로 나타난 넓은 대지도 뜻밖이지만, 바로 일주문을 지나 경내에 진입하는 구조라서 급반전 느낌이 신선하다. 산자락이 겹겹이 감싼 절터는 아늑하다. 마음이 편안해져 왠지 환대받는 기분마저 든다.

나는 2013년 초봄 보림사를 처음 봤다. 한옥 목수로 문화재 보수공사 일을 하러 왔다.

그때의 포근하고 한갓진 느낌이 아직도 생생한데, 이후 몇 번 더 다녀왔지만 갈 때마다 새삼 매혹된다. 이번 답사는 날씨까지 더없이 화창했다.

천년고찰의 흥망성쇠

보림사는 1천 250년도 더 된 통일신라 시대(759년)에 처음 터를 잡았다. 당시는 불교계에 새로운 변화가 일던 때였다. 보림사는 불교개혁 분위기 속에 성장했는데, 아름다운 절터는 이와 관련 있다.

한반도에서 고구려, 백제, 신라 왕실에 의해 적극적으로 수용된 불교는 초기 수백 년 동안 왕권 뒷받침에 활용됐다. 미륵사지, 정림사지, 황룡사지 같은 호화 사찰들이 왕실 주도로 삼국의 수도와 주요 도시 한복판에 들어선 것도 그 시대 불교의 성격을 말해준다.

통일 신라 왕국의 권력의지와 자신감이 나타난 감은사나 불국사의 조영도 마찬가지다. 한반도에서의 초기 불교는 왕실이나 중앙귀족 같은 상류 특권층의 것이었다.

통일 신라 후기에 새로운 바람이 불었다. 보림사는 이때 명성을 날린다. 중앙권력이 약화되고 지방 호족이 득세하는 혼란 속에 불교계에도 변화가 일었다. 변화에는 이해관계가 비슷한 두 세력이 앞장섰다. 중앙권력에서 배제된 지방호족과 참선을 내세우며 불교계 혁신을 주창한 선종이다. 지역 기반을 강화하던 호족이 후원하고, 개혁을 내세운 선종이

보림사 대적광전 앞 석탑과 석등 (2021. 11. 장흥)

주도해서 전국 산간에 새로운 사찰이 속속 들어섰다. 잘 알려진 선종의 '구산선문'이다. 장흥 보림사는 구산선문 중 가장 먼저 성립한 '가지산문'의 중심 도량이었다.

수도와 대도시를 벗어나 산속에 처음 들어서는 절들이 빼어난 경승지를 차지한 것은 당연했다. 당시 아직 사람이 살지 않던 산속에서 좋은 절터를 고르는 데 활용된 최신 이론이 바로 중국에서 이제 막 들여온 풍수지리설이었다. 그러니 이런 절들의 경치에 대해서는 길게 말할 것도 없는 셈이다.

뒤에서 보겠지만 보림사는 조선 초기까지도 사세가 대단했다.

그러나 보림사는 한국전쟁 당시 사찰 전체가 불에 타서 거의 폐사 상태에 놓였다. 전라도 사찰 중에는 구한말 동학운동과 일제강점기 의병 활동 근거지로 쓰이다 화를 당하거나, 한국전쟁의 피해를 입은 예가 많다. 보림사도 마찬가지였던 것 같다.

다행히도 보림사의 석조물과 철불은 화마를 이겨내고 보존됐다. 사천왕문도 화재를 면했다. 1960년대 이후 순차적인 복원공사가 꾸준히 지속된 후 지금의 모습을 회복했다.

전란의 상처에도 불구하고 보림사에는 빼어난 문화재가 많아서 천년고찰의 위엄은 여전히 건재하다. 국보로 지정된 석등과 석탑, 불상 외에도 부도와 탑비 같은 지정문화재들이 즐비하다.

진입부

경내는 크게 네 권역으로 구분된다. 일주문과 사천왕문까지의 진입 공간, 석탑과 석등이 있는 대적광전 권역, 중층 불전인 대웅보전 권역이 있고, 석축 위로 부도와 탑비가 있는 추모 구역이 있다. 그 밖에 스님의 요사채와 부속 건물이 주불전 뒤쪽에 배치되어 있다.

일주문을 지나면 나오는 사천왕문은 보림사의 목조 건물 중 유일한

보림사 사천왕문 (2021. 11. 장흥)

지정 문화재다.

세 칸짜리 맞배지붕 건물로 중앙에 통로를 두고 양편에 사천왕상을 안치했다. 보물로 지정된 사천왕상은 임진왜란 이전에 만든 것으로 국내 목조 인왕상 중 가장 오래됐다.

사천왕문(현판은 사천문)은 조각 장식이 화려한 전형적인 조선 후기 양식이다. 중앙 칸 기둥머리를 가로로 연결한 창방 밑에 또 하나의 두툼한 인방재가 걸려있다. 자세히 보면 부재 두 개를 겹쳤는데, 상부 무게로 처지지 않도록 보강한 것이다. 그 위에 작은 받침목 두 개가 창방을 지지하고 창방 위로 현판을 달았다. 이런 배려는 실제 변형이 없더라도 시각적인 안정감을 준다.

평지 사찰

보림사 경내에 들어서면 드넓은 평지에 건물들을 펼쳐 놓은 이색적인 배치 방식이 눈에 띈다. 더 자세히 둘러보면 주불전이 두 개라는 사실도 곧 알게 된다. 보림사는 산지에 들어섰지만 넓고 평평한 대지를 닦은 평지 사찰이다. 각 건물이 놓인 지대의 높이 차이가 없고 건물끼리의 간격도 넓게 배치해서 전체적으로 개방감이 좋다. 이는 한참 후대에 깊은 산중에 들어선 절들과 대비된다.

조선시대 산지 사찰들은 마당을 중심으로 뒤에 대웅전, 좌우 부불전, 전면에 누각이 있는 '중정형'이 대부분이다. 비좁은 경사지를 깎아 터를

보림사 대웅보전. 필자가 보수공사에 참여한 건물. (2021. 11. 장흥)

닦느라 공간 제약이 컸기 때문에 건물들이 한데 모여있다. 경사지에서는
여러 채를 한꺼번에 지을 수 있는 넓은 대지를 만드는 것보다 작게 여러
단을 만드는 게 합리적이다. 이 때문에 산지 경사지 사찰은 건물별로 단
차가 있고, 가운데 마당을 두고 빙 둘러싼 형태를 취해서 폐쇄적이다. 전
국 어디서나 흔하게 볼 수 있는 배치 방식이다.

　보림사처럼 산간 평지 사찰로 널직하게 지은 절이 아주 드문 것은 아니다. 보림사와 비슷한 시기에 개창 했고, 일찍부터 사세가 컸던 김제 금산사나 보은 법주사 같은 절은 보림사보다 훨씬 광대한 절터를 자랑한다. 이 절들은 억불정책 속에 소규모로 지어야 했던 조선시대 산지 사찰과는 전혀 다른 조건에서 개창됐기 때문이다.

두 개의 주불전

사천왕문에서 직선 방향에 대적광전이 있다. 건물 앞에 극강의 공을 들인 석등과 석탑이 있으니 이 건물은 의문의 여지 없는 보림사의 주불전이다. 대적광전이라는 명칭은 비로자나불을 안치해서 붙여진 이름이다. 깨달음의 빛과 정적이 가득한 곳으로 비로자나불의 말씀을 상징하는 이 불전은 주로 화엄종파의 본전에 쓰였다.

그런데 보림사에는 특이하게도 주불전이 하나 더 있다. 사찰 진입부에서 대적광전으로 이어지는 축선과 직교하는 방향에 이층짜리 주불전이 또 있다. 층이 거듭(중)됐다 해서 중층이라 부르는 이 건물은 석가모니불을 안치한 대웅보전이다.

한국건축에서 중층건물은 그 자체로 위상이 남다르다. 경복궁이나 창덕궁 같은 궁궐에도 근정전, 인정전 같은 정전에만 있고, 사찰에서도 전국에 10여 채가 안 될 만큼 드물다.

중층건물은 건축 구조상 고난도 공법에 대규격 부재도 다량 필요하니 비용이 많이 들어 제한적으로만 지었다.

그러니 보림사에서 기존의 주불전인 대적광전 외에 새로운 중층 불전이 지어진 것은 단순히 부속 건물이 추가된 것이 아니라 또 하나의 중심 권역을 새로 형성한 것으로 보인다.

대웅보전의 건축양식은 숭례문과 비슷한 조선 초기 모습이다. 현재 건물은 1984년에 복원했지만, 실제로 소실 전 대웅보전은 국보로 지정된 중요 문화재였다. 결국, 보림사는 조선 초기에 사세를 떨쳐 크게 중창을 했던 것 같다.

불교 억제 정책을 강하게 폈던 조선왕조 개창 초기에 중층건물을 지을 만큼 보림사의 위세가 높았던 이유가 궁금해진다. 호기심이 생긴 김에 조선시대에 쓰인 각종 지리지의 기록을 토대로 정리된 읍지와 관련 문헌을 찾아보니 그럴만한 이유가 있었다.

조선 초기에 사찰 통폐합과 일제 정리를 할 당시 장흥에는 선종과 교종 종파를 대표해 두 개의 사찰이 유지됐는데, 이 지역 선종의 대표사찰로 보존된 것이 보림사였다.

한편, 보림사처럼 후대에 중심권역이 새로 생기면서 서로 다른 중심축을 가진 사찰의 예는 더 있다. 구례 화엄사에도 중층건물인 화엄사 각황전과 별도로 대웅전이 있고, 보은 법주사도 서로 교차하는 두 개의 중심축을 보인다. 두 사찰 모두 해당 지역에서 오랫동안 사세가 컸던 영향력 있는 절들이다.

보림사 석등 (2021. 11. 장흥)

시골마을 오래된 건축 뜯어보기

삼층석탑과 석등

보림사에는 국보로 지정된 통일 신라 시대 전형 양식의 석탑과 석등이 있다.

부처의 사리를 안치했던 인도 '스투파'에서 유래한 불탑은 불전과 함께 사찰의 가장 중요한 구조물이다. 그런데 불전과 석탑의 배치 방식은 시대마다 달라서, 사찰의 건립 시기를 밝히는 근거가 되기도 한다.

조선시대 사찰은 아예 탑을 안 만들기도 했지만, 불교 유입 초기인 삼국시대 사찰의 탑은 아주 중요했다. 고대 불전(당시는 '금당') 앞에는 반드시 탑을 세웠다. 금당 한 채와 탑 1기가 짝을 이룬 백제지역의 '일탑 일금당' 배치 방식이나, 고구려 지역 '일탑 삼금당'은 탑의 비중이 컸던 시기의 사찰 배치 방식이다.

통일신라 시대에는 불전 앞에 탑 두 개가 세워졌다. 경주 감은사의 동서 삼층석탑이나 불국사 대웅전 앞의 다보탑과 석가탑이 대표적인 사례다. 이전보다 탑에 비해 불전의 비중이 커진 것으로 해석한다.

조금 더 후대가 되면 불전에서 탑이 멀어지다가, 아예 주불전 권역 밖에 세워지기도 한다. 그래서 후대로 갈수록 탑의 비중이 작아진 것으로 본다.

보림사 삼층석탑은 1933년 겨울 도굴단에 의한 사리 절도 미수를 겪고 이듬해 보수됐다. 보수 당시 발견된 기록에 따르면 870년에 탑을 세우고 891년 사리가 봉안됐다.

통일신라 말기에 세워진 이 탑들은 탑에서 불전으로 상징의 무게 중심이 변하는 시기의 문화유산이다. 이중기단과 탑신부, 옥개부, 상륜부 같은 세부 구성이 잘 나타나 있고, 학술적 예술적 가치를 인정받아 국보로 지정됐다.

삼층석탑 사이에 있는 석등도 완벽에 가까운 황금비를 보이는 통일 신라 절정기의 솜씨다.

석등은 불전 앞을 밝히는 조명 구실도 하지만 그 자체로 부처에 대한 빛의 공양을 상징한다고 풀이된다. 보림사 석등은 손상 없이 거의 완전한 형태를 유지한 전형 양식으로 장식성이 풍부하고 비례가 잘 맞아 국보로 지정된 문화재다.

부도와 승탑비

답사하던 중 친분 있는 어느 주지 스님의 권유로 부도와 승탑비도 봤다. 부도는 승탑이라고도 하는데, 승려의 사리를 안치한 탑이다. 선종 사찰과 승려들 사이에는 특히 스승과 제자 간의 관계를 중시하는 전통이 있었다. 이 때문에 선종 사찰 전통이 오래된 절에 가면 반드시 승탑을 따로 모신 구역이 있는데 이를 부도밭으로 부르기도 한다. 보림사에도 한쪽에 부도밭이 조성되어 있다.

보림사 보조선사 창성탑은 다른 석조물과 같이 통일신라 후기의 팔각 원당형이다. 팔각 원당형은 팔각으로 된 둥근 집 모양이라는 뜻이다. 부식되고 깨진 부위가 있지만, 조각이 섬세하고 화려하다.

탑비는 부도와 쌍을 이루며 만든 석조물이다. 부도에 모신 승려의 행적을 기록한다.

거북 등에 태워 비석을 세우고 머리에 용트림 형상을 올렸다 해서 귀부이수비로 불린다.

당시로선 최상의 기술 인력을 투입해 만든 극강의 작품이다. 스승을 향한 극진한 정성이 묻어난다.

천년고찰의 위안

보림사 대웅보전 앞마당 한구석에 눈에 띄는 구조물이 있다. 식수로 사용할 지하수를 뽑아 우물을 만들고 그 위에 지붕을 설치한 수각이다. 골짜기에서 내려오는 지하수를 마당 한 구석으로 끌어내서 근사한 샘터를 조성한 아이디어가 빛난다.

정성 들여 쌓은 석축과 미니화단이 어우러져 밋밋한 마당 한가운데 생기를 불어넣는다.

나는 보림사에 각별한 추억이 있다. 이 절 대웅보전을 보수하러 처음 왔던 9년 전 나는, 이 품 넓은 사찰에서 깊은 위안을 얻었다. 당시 나는 학생 시절 시작해 20년을 쏟아부었던 일을 접고, 한옥 목수로 떠돌며 삶의 파란만장을 이제 막, 아주 깊게 맛보던 때였다.

대웅보전 2층 지붕 서까래와 추녀 보수는 오래 걸리지 않아 체류 기간은 짧았어도 그 일주일이 힘이 됐다. 2월 초 포근한 남도 햇살, 선배 목수들의 따뜻한 배려, 장흥 탐진강변의 소담한 풍경도 모두 달콤한 휴식 같았다.

다른 무엇보다, 영광과 굴욕이 교차했던 흥망성쇠의 1천 년 역사를 보내고 여전히 살아남아, 무심하게 방문객을 품는 천년고찰의 기품에서 나는 위로 받았다.

새삼 인류 문화유산의 힘과 가치를 느낀다.

보림사 수각 (2021. 11. 장흥)

11

신원미상 그 혼미한 매력
화순 운주사 스펙 실종사건

절 입구 잔디밭에 십여 명의 아이들이 둘러앉아 귀를 쫑긋 세우고 선생님 말씀에 온통 정신이 팔렸다.

"운주사는요오~"

답사 일행과 함께 아이들 곁을 지나던 나는 얼핏 들린 그 소리에 걸음을 늦췄다.

"몽고에서 온 병사들이 고향에 있는 가족을 생각하며 기도하던 곳일 수도 있대요~"

조금 놀라웠다. 유력하지만 아직은 가설로만 받아들인 얘기인데, 초등학생 단체 관람 인솔자의 설명에서 듣게 될 줄은 몰랐다. 몇 년 사이 새로운 연구가 나왔나 싶다. 그 선생님은 준비한 자료를 들고 아이들 귀에 쏙쏙 들어오게 설명도 재미나게 했다.

운주사 원형 다층탑. 석조불감. 7층 석탑. (2021. 11. 화순)

미스터리 사찰 운주사

화순 운주사는 천불천탑(현재 석불은 101개, 석탑은 21기)으로 이름난 사찰이다. 운주사는 고려시대에 개창해서 고려 중후기에 전성기를 누렸다. 임진왜란 후 2백 년 동안 사라졌고, 다시 대중 앞에 등장한 것은 1930년대에 재창건에 가까운 중창 이후다. 발굴과 1990년대 이후 지속적인 복원을 통해 지금의 모습을 회복했다.

운주사가 널리 알려진 것은 미스터리 때문이다. 이 절의 석조물들은 완전한 수수께끼에 싸여 있다.

이 많은 석탑과 석불을 누가, 왜, 무슨 용도로 만든 것인지 하나부터 열까지 모든 것이 베일에 가려 있다. 특히 한국건축에 유례가 없는 독특한 양식이라는 점 때문에 운주사 석조물들이 의문의 핵심이다. 물음은 절의 정체성으로 이어진다. 운주사는 국내 다른 사찰들과는 전혀 다른 절이 아니었을까 하는 것이다. 천불천탑이 만들어지고, 절정기를 보내던 고려 중후기에 운주사는 무엇을 하던 곳이었을까?

전남대 박물관이 네 차례에 걸쳐 진행한 본격적인 발굴조사에서도 명확히 밝혀진 게 없었다. 당연히 궁금증은 더 커졌다. 다양한 추측과 가설이 쏟아졌지만 아직은 어느 설명도 충분히 검증되지는 못했다. 그중 그나마 설득력 있게 제시된 가설이 고려시대 몽고군 연관설이다.

몽고 연관설

운주사가 처음 자리 잡은 시기는 11세기 이전으로 추정된다. 그런데 석불과 석탑은 13세기 후반 원나라 간섭기에 조성됐다. 막새기와에 나타난 문자나 석탑의 문양, 석불의 형태 등은 원나라 간섭기 티베트 후기 밀교의 영향이다.* 즉, 고려 중기에 이미 있던 절에 누군가가 천불천탑을 새로 만들었다.

---

* 황호균, '화순 운주사 세계유산 등재 추진을 위한 국제학술대회' 자료집, 〈천불천탑의 불가사의와 세계유산으로의 탐색〉 중 "운주사의 역사적 배경과 천불천탑의 제작 공정 복원론". 2014. 전남대 박물관.

〈저자주〉 나는 이번 답사에서 운주사 주지스님께 우연히 빌려 본 학술자료집을 통해 운주사에 관한 근래의 논의를 접했다. 운주사 세계유산 등재 추진을 위해 7년 전 열린 국제학술대회 자료집이고, 논문 저자들은 지난 30-40년 동안 운주사를 연구했고, 특히 1984년부터 시작된 총 네 차례의 운주사 발굴조사에 참여한 전문가들이다.

몽고 연관설은 몽고가 고려에 간섭을 시작할 때 일본 원정이나 몽고에 저항하는 고려인을 공격하기 위해 장기간 머물던 몽고인 집단이 천불천탑을 조성했다는 견해다.**

나는 이 가설에 끌린다. 7-8년 전 처음 알았을 때보다 장흥 귀촌 후 운주사를 두 번 다녀온 지금 더 솔깃하다. 게다가 최근 지역 문화유적 자료를 보다가 옆 동네의 몽고군 행적을 발견하고는 심증은 더 굳어졌다.

내가 사는 장흥 관산에서 몽고군이 일본 원정에 사용한 배 900척을 만들었다. 일본 정벌은 결국 실패했지만, 전선 건조를 위한 대규모 인력과 자원 투입은 물론, 두 차례 원정에 고려사회 전체가 전시 동원체제였을 것이다. 인근에 몽고군 주둔지가 형성되고 딸린 인원들이 거주하는 촌락도 당연히 있었을 것이다. 장흥과 화순은 산을 경계로 접해있다. 곡창지대인 나주나 화순에도 몽고인들이 거주했다면 한가운데 위치한 운주사가 그들의 사찰로 운영됐을 가능성은 충분하다.

비슷한 사례는 많다. 일제강점기 일본인 신사가 경주를 비롯해 여러 곳에 남아있고, 통일신라 장보고의 해상세력이 중국에 지은 사찰과 여관, 행정소도 있었다. 경우는 다르지만 타지 사는 이주민의 종교시설은 일반적이다. 서울 한남동의 이슬람 사원이나, 미국에 한인들이 지은 사찰도 마찬가지다. 원나라 내정간섭이 70년(1275-1352)에 달하니 그런 시설이 한두 곳도 아니었을 것이다.

그러나 이 모든 것은 현재로서는 어디까지나 가설일 뿐이다.

** 김동욱, 〈한국 건축의 역사〉. 2007. 기문당.

산책공원 같은 절

신비로운 '신원 미상 사찰' 운주사의 인기는 매우 높다. 이번 두 번째 답사는 주차장 여유 공간이 부족할 만큼 방문객이 많았다. 운주사의 신비주의에 사람들이 더 미혹되는 것일까.

이곳의 불상과 석탑들은 다른 어디에 없는 독특한 양식이다. 개성 있고 다양한 석탑들의 생김새도 흥미롭지만, 전례 없이 많은 숫자도 놀랍다. 곳곳에서 나오는 본 적도 없는 기호와 상징들도 호기심을 자극한다.

진입부에 들어서면 보이는 주변 경관은 보통 절과는 전혀 다르다. 운주사는 곳곳에 불상과 탑이 흩어져 있어, 사찰 구역 전체가 문화재(사적지)로

운주사 석불감 (2021. 12. 화순)

지정되어 있다. 경내 분위기는 절이라기보다는 야산 느낌으로 연출한 산책공원이나 석조 예술품 야외 전시장 같다.

인공적 조경을 하지 않은 비탈지의 언덕 위, 계곡, 암벽 밑, 숲속 사이에서 석탑과 석불이 예고도 없이 불쑥불쑥 나타난다. 아무것도 모른 채 왔다면 '운주공원'이라 해도 믿었겠다. 여유로운 산책길에서 800년 된 신비의 석조물들을 감상하는 편안한 재미가 운주사의 인기 비결인지 모른다.

운주사 터는 한눈에 봐도 일반 절들과 다르다. 운주사는 산속이 아닌 나지막한 야산 구릉지에 있다. 들녘과 야산이 만나는 작은 골짜기 1km 반경에 석탑과 석불이 여기저기 솟아나 있다. 1930년대 촬영된 운주사는 벼 논 한가운데에 탑이 서 있는 모습이기도 했다.

같은 고려시대에 개창한 다른 사찰들과 비교해 보면 운주사의 입지는 크게 차이 난다. 풍수지리를 중시했던 당시의 절들은 큰 산과 계곡을 끼고 규모에 관계없이 경관이 빼어난 자리를 골라 지었다.

반면, 운주사는 해발 135m의 낮고 특징 없는 작은 언덕들에 걸쳐있다. 일부러 고른 것처럼 큰 산이 없고 아담한 야산만이 펼쳐진 특이한 지형의 골짜기 한 곳에 터를 잡았다. 아무리 봐도 이곳은 농촌 마을 자리로나 적당해 보인다. 천불천탑의 조성 세력과 당시 절의 활용방식과 연관 있지 않을까 짐작한다.

이런 특이한 입지가 아이들 단체관람에 적합한 산책공원 분위기를 만든 것 같다. 평평하고 길게 뻗은 골짜기를 따라 키 크고 날씬한 탑들이 군데군데 서 있는 한적한 모습은 극히 이국적이다.

운주사 9층 석탑 (2021. 11. 화순)

경이로운 석탑 전시장

사찰안에 탑이 21개나 있는 것도 희귀하지만 서로 다른 여러 종류의 탑이 한데 모여있어 더욱 놀랍다. 전국 어디서나 흔히 볼 수 있는 전형적 양식의 석탑을 비롯해 벽돌탑 형태의 석탑인 모전석탑은 물론, 원판형 탑, 구형 탑도 있다. 가늘고 긴 고려 양식과 유사하지만 탑신에 운주사에서만 보이는 의문의 기호가 장식된 사각 탑도 3층, 5층, 7층, 9층으로 층수와 크기가 다양하다. 이렇게 특이하고 많은 석탑의 밀집은 한국 건축에서 운주사가 유일하다.

탑은 아니지만 사찰 진입부에 있는 석조불감도 여기서만 볼 수 있는 문화재다.

불감은 불전을 형상화한 것이다. 휴대용 예불 기구처럼 도자기로 작게 만든 사례가 있다. 그런데 운주사의 불감은 석재 구조물로 야외에 만든 초대형이다. 대형 석재를 가공해서 실제 기와집처럼 기단과 벽체, 지붕을 형성하고 내부에 불상을 안치했다. 특이하게 불상은 2기인데 서로 등을 맞대고 절에 들어오고 나가는 방향을 향해 배치됐다. 석조불감 앞뒤로 7층 석탑과 원형 다층탑이 각각 세워져 있어 이 구역은 운주사 경내에서 특별한 의미를 둔 공간 같다.

사찰 진입로 입구의 원형 다층석탑과 경내 안쪽에 있는 구형 석탑의 신기한 모습도 눈길을 끈다. 원형 다층석탑은 돌을 둥그런 원반형으로 가공해 쌓았다. 1층 옥개석을 가장 크게 하고 위로 갈수록 지름을 줄여 탑신부가 전체적으로 세모꼴이다. 상하 옥개석 사이에는 짧은 원통형 석재로 만든 탑신이 있다. 구형 석탑은 높은 기단석 위에 항아리 형태로 가공한 구형 석재를 적층했다. 각 층은 별도 옥개석 없이 동그란 돌을 크기만 줄여 쌓아 외형이 독특하다. 두 탑은 기존 고려 석탑들과는 전혀 다른 파격적인 모습이다.

원형 다층석탑 (2020. 12. 화순)

사각형 탑신에 옥개석을 얹은 일반형 석탑도 층수와 크기를 달리해 곳곳에서 보인다. 고려 중후기 석탑은 5층, 7층, 9층, 11층 등 다층탑이 많다. 운주사 사각 탑은 고려 전형석탑을 더 늘려놓은 모습이다.

운주사 석탑은 고려시대 유행 탑과 전례 없는 특수 탑이 뒤섞여 있어 꼭 중세 석탑 전시장에 온 느낌을 준다.

그런데 운주사 탑들은 이전 시기 탑에 비해 가공이 거칠고 디테일이 엉성한 느낌도 없지 않다. 이는 시대적인 특징이자 변화를 나타낸다. 중세 이전까지 주로 왕실과 중앙귀족의 후원 아래 조영됐던 석탑들과 다르게, 고려 중후기 산간오지 사찰의 탑은 지방 부호나 개인의 기부로 만들어진 예가 많다. 이 탑들은 그전 시기의 '황금비'나 화려한 가공을 버리고 간략화, 단순화 경향을 보인다.

이런 변화는 구조 공법상 합리적인 방법을 찾은 결과로 이해된다. 이전 시기 탑들은 기단이나 저층 탑신에 거대한 석재를 정교하게 가공해서 쌓는 것이 일반적이었다. 하지만 그런 방식은 산간오지의 작업 여건에 적합하지 않다. 가공과 운반이 불리한 환경이라면 석재 규격을 줄이되 높게 쌓아서 탑의 규모를 확보하는 방법이 유리하다.

따라서 "가늘고 긴 석탑"으로 규정되는 이 시기의 특징은 조영 세력(경제력)과 입지의 변화를 반영한다. 이런 탑들이 그전의 '황금비' 석탑보다 조야해 보이는 면은 있다. 그러나 당시 새롭게 등장한 석탑 조성 세력에게는 무의미한 기준이었을 것이다. 나는 이것을 시대적 미감의 변화로 해석한다.

의문의 기호와 상징

운주사 석탑에 새겨진 문양과 기호들이 관심을 끈다. 석탑의 여러 곳에서 탑신석에 X, 마름모, 수직선 등의 무늬를 돋을새김하거나 선 새김한 문양이 보인다. 이 문양들은 한국건축 어디에도 나타난 적 없는 것들로, 해석이 분분하다. 그중 X자형이 티베트 후기 밀교 경전의 사상을 반영한다는 설명이 있다. 당시의 현지 석탑에서 같은 문양이 발견됐다고 한다. 한편 마름모의 원형을 힌두사원에서 찾기도 한다.***

궁금증을 자아내는 기하학적 문양의 비밀은 아직 충분히 밝혀지지는 않은 상태다.

운주사 경내 곳곳에 무질서하게 세워진 것처럼 보이는 불상과 석탑의 배치도 일정한 규칙이 있었던 게 아닌가 여기는 의견도 있다. 불상과 석탑이 짝을 이뤄 고대 시기 한반도에서 흔했던 1탑1금당과 같은 독립 구역을 형성했다는 것이다. 대표적인 예로 사찰 입구 석조불감 양편에 원형 다층탑과 7층 석탑이 배치된 것이 있다. 서로 반대 방향을 향한 불상 앞에 원형 다층석탑과 7층 석탑을 따로 세운 것은 금당(불전) 1개에 탑 1기를 둔 배치 방식이라는 설명이다.****

***　황호균, 위 논문.

****　황호균, 위 논문.

경내 안쪽 서편 언덕 위에 있는 좌상불과 협시불(속칭 '와불')도 암반 위에 세운 탑과 짝을 이룬다. 이런 세트 구성은 운주사 경내 곳곳에 보인다. 이를 확장해서 운주사 경내를 각자 독립된 예불 영역이 여러 곳에 산재한 복합 공간으로 이해하기도 한다.

친근한 석불

운주사 경내에는 현재 확인된 것만 101개의 석불이 있다. 그러나 초창 이후 한동안은 실제로 천불천탑이 있었다. 1530년에 편찬된 동국여지승람에 석불과 석탑이 1천구씩 있다는 기록이 있고, 조선 초까지 실재했다.

석불은 큰 것은 10m 대형이 있고 작은 경우 수십cm의 소형도 있다. 야산과 들판 곳곳에 흩어져 있다. 이 석불들은 서로 비슷한 양식인데, 판석에 조각해서 떼어냈기 때문에 평면적인 모습을 한 것이 특징적이다. 얼굴은 세부를 묘사하지 않고 만화처럼 단순화해서 표현했다. 몸은 망부석이나 돌기둥 같은 형태다. 전체적으로 신체 세부 비례감 없이 간략화된 형상이다.

이곳 불상들은 정형화된 근엄한 부처상이 아니다. 일반적인 불상처럼 보이는 것 말고도 마치 부모와 자식이 한 가족을 이룬 것처럼 보이는 것도 여러 곳이다. 이를 티베트 후기 밀교의 "부모 합체 불"로 보기도 한다. 불상 여러 기가 세트로 만들어져 무리를 지어 조성된 것이 운주사 석불군의 가장 큰 특징이기도 하다.

운주사 석불 (2020. 12. 화순)

기존의 화려하고 장엄하며 권위 있게 묘사된 부처상들과 달리 서민적인 형상의 불상은 운주사가 기층민의 기복처이거나 신앙공동체가 아니었을까 추정하게 만든 장본인이다.

천체관측을 반영한 칠성바위

운주사 계곡 서쪽 언덕 위에 북두칠성 형태로 배치된 거대 바위들도 호기심을 자극한다. 칠성바위는 운주사 주지스님 설명에 따르면 별의 밝기에 따라 바위 크기를 달리해 실물을 표현한 것이다.

실제로 원반석은 크기가 각각 다르고 배치 형태도 국자 모양의 북두칠성 형상이다. 밤하늘에 떠 있는 북두칠성의 방위각은 물론 별들의 실제 밝기를 그대로 형상화했다고 한다. 돌을 놓은 순서도 북두칠성이 물 위에 비치는 것처럼 좌우 순서를 뒤집어 놨다.

칠성바위는 고려시대 천문관측 수준을 짐작할 수 있는 자료로서도 가치가 높다고 평가된다. 세계적으로 유례가 없는 북두칠성 천문 관측 실증 유물이라는 것이다.*****

칠성바위는 도교에서 중시하는 숭배 대상으로 알려져 있다. 이 바위들은 운주사가 불교사원이면서도 도교적인 성격을 함께 갖는 복합적 성격의 예불 공간이 아니었는가 추론하는 근거가 되기도 한다.

***** 황호균, 위 논문.

운주사 칠성바위와 주지스님 (2021. 11. 화순)

일어서지 못한 석불과 수수께끼 건축의 매력

계곡 서쪽 언덕 위 암반에는 거대한 불상이 조각되어 있다. 운주사가 한눈에 내려다보이는 가장 높은 지대를 차지한 입지, 거대한 규모와 잘 다듬어진 석불의 세부 모습 등으로 탐방객들의 관심을 한 몸에 받는 조형물이다. 상당수 관광객이 이 불상을 보려고 온다고 한다.

이 불상은 바닥에 있어서 와불로 불리지만, 정확히는 앉아 있는 모습의 좌상불과 옆에 선 협시불이다. 조각은 완성됐지만, 바위에서 돌을 떼어내 세우지 못한 미완성이다.

전남대 박물관이 발굴조사 당시 현장조사 한 바에 따르면, 운주사 인근 주민들은 이 석불이 일어서면 세상에 큰 변화가 온다는 전설을 듣고 자랐다고 한다.

운주사는 여전히 미스터리에 휩싸인 신비의 사찰이다. 전국의 천년 사찰들 중 과거가 묻힌 절은 운주사 말고도 많다. 운주사의 역사가 유독 관심을 끄는 이유는 현재가 설명되지 않아서다. 입지와 배치 방식, 불상과 불탑 조영까지 어느 것도 비슷한 사례가 확인되지 않고 있다.

이 때문에 오랫동안 운주사를 놓고 제기된 가설은 많았다. 서민들의 기복처, 하층민들의 해방구, 종교 공동체, 밀교 집단의 사찰, 이민족의 사찰 등 여러 가지 주장이 있었지만, 아쉽게도 아직 어느 주장도 명확히 입증되지는 못했다.

상상력을 자극하는 건축의 매력은 이집트 피라미드처럼 미스터리가 뒤섞여 있을 때 더 할 수도 있다. 4천 5백 년 전 피라미드에 비해 고려시대는 그리 먼 일이 아니니 오래지 않아 궁금증이 풀릴 수도 있다. 운주사 창건 당시 동아시아는 하나의 문화권이나 다름없었다. 지리적 구분과 분야별 칸막이를 넘어선 연구가 지속되면 머지않아 운주사의 베일이 걷히지 않을까 기대한다.

운주사 석불좌상과 협시불 (2021. 11. 화순)

시골마을 오래된 건축 뜯어보기

12

—

우리동네 뒷산의 문화유산들
천관산 연대, 장천재, 천관사, 동백숲

여행으로 재충전하는 방법은 사람마다 다르겠지만 내가 보기에는 크게 두 가지다. "여행은 멍 때리기지"라며 느긋하게 즐기는 쪽과 '전투 모드'로 여기저기 섭렵하고 다녀야 만족하는 쪽. 그래도 낯선 곳에서 새로운 경험으로 활력을 얻는 여행의 재미는 '멍파'든 '전투파'든 다르지 않을 것이다.

내게는 낯설지도 새롭지도 않은, 내가 사는 시골 마을 뒷산에 있는 문화유산과 자연유산을 돌아봤다. 태양 아래 새로운 건 없다지만, 우리에게 새롭지 않은 게 또 얼마나 있을까. 가까이 있어 익숙해도 좀 알고 보면 새롭고 신선한 것들이 많으니까. '전투파'는 하루에도 다 끝낼 수 있고, '멍파'라도 이틀이면 충분하다.

명승*으로 지정된 천관산

지난봄 우리 동네 뒷산 천관산을 문화재청이 "명승"으로 지정하더니, 얼마 전에는 주차장에서 기념행사까지 했다. 지나는 길에 흥미가 생겨 차를 세우고 잠시 발표를 들었다.

장흥 천관산은 명승 지정 이전에도 이미 명성이 있었다. 산 좋아하는 사람들 사이에 인기가 높아 억새가 피는 가을 성수기 때는 주차장이 꽉 찬다. 물론, 지금은 코로나로 억새 축제가 중단 상태이긴 하다. 천관산은 멀리서 봐도 '기암괴석'인 바위들이 한눈에 띈다. 올라 보면 누구라도 감탄할 거대한 바위 더미가 능선을 따라 길게 늘어선 모습이 장관이어서 땀 흘린 보람이 있다.

기념행사 발표자로 나선 교수는 이 바위들이 7천만 년 전에 형성됐다고 한다. 땅속 마그마가 분출하지 않은 상태로 굳은 후 지반 운동으로 솟아올랐다가 오랜 침식과 풍화작용을 거쳐 지금의 '작품'이 됐다. 그런데 7천만 년이라니. 지구상에 현생 인류가 나타난 게 10만 년이라고 배운 거 같긴 한데. 아니 20만 년인가….

이 태고적 바위들은 모습을 바꿔서 "명승" 지정의 배경으로 다시 한번 등장한다. 천관산 주변에는 700기가량의 고인돌이 흩어져 있다. 이 일대는 청동기 시대 사람들의 흔적이 남아있는 선사시대 문화지역이다.

---

* 〈용어 설명〉여기서 쓰는 "명승"은 법률용어다. 문화재 보호법으로 정하는 국가지정문화재의 "기념물"(사적, 명승, 천연기념물) 중 하나다. "명승"은 자연유산에서 "경치 좋은 곳으로 예술적 가치가 크고 경관이 뛰어난 곳"이며, 역사, 문화, 경관의 가치가 높아 보호 필요성이 있는 곳이다. "명승"으로 지정되면 건축행위 등이 규제된다. 천관산은 명승 제119호다.

천관산 꼭대기의 바위들 (2020. 11. 장흥)

천관산의 다른 볼거리로는 산 중턱의 천년고찰인 천관사, 국내 최대 동백꽃 자연 군락지인 동백숲, 지방 유형문화재인 장천재 등이 있다.

배놓을 수 없는 매력으로 천관산은 동, 서, 남쪽 삼면으로 바다가 내려다보인다. 이런 산은 전국에 별로 없다. 쾌청한 날은 한라산도 보인다고 하는데, 아직 나는 못 봤다.

봉수(화)가 있던 연대봉과 억새밭

천관산이 가을 억새밭, 이른 봄 동백꽃 말고도 여름과 겨울까지 사철 경치가 다 좋은 이유는 3면이 바다인 반도 지형에 산이 우뚝 솟아 있기 때문이다. 덕분에 일출과 일몰 둘 다 볼 수 있다. 천관산은 탁월한 정상 뷰에도 오르기 힘든 산은 전혀 아니다. 해발 723미터로 그리 높지는 않다. 성인 남성 기준 2시간 남짓이면 정상까지 충분하고 여유 있게 오르면 3시간쯤 걸린다. 만만하면서도 흔치 않게 빼어난 경치를 갖춘 특이한 산. 이곳에 귀촌한 후 나는 천관산에 5-6번 다녀왔다.

가을 억새밭은 지방자치단체가 밀고 있는 '메인디쉬'다. 코로나 이후 지금은 잠시 중단된 상태지만 매년 절정기에 억새 축제를 연다. 아쉽게도 나는 축제를 아직 못 봤다. 귀촌 첫해에는 동네 이장님 권유도 있었는데 별거냐 싶은 마음에, 이듬해 등산은 이미 끝난 후여서 놓쳤다.

그러나 억새밭은 꼭 가을에만 멋진 곳이 아니다. 등산로를 따라 오르다 정상에 도착하면 그때부턴 여러 작은 산봉우리들이 연결되는 능선 탐방로가 시작된다. 고산지대라선지 큰 나무가 없이 키 작은 철쭉과 억새가 뒤섞인 넓은 밭이 펼쳐진다. 시야 간섭 없이 사방이 탁 트이고, 바다가 내려다보이니 청량감이 좋다. 이처럼 정상 능선의 평탄한 길을 따라 걷는 상쾌함은 내륙지역 산에서는 맛보기 어려운 묘미다. 나는 이곳에 처음 올랐을 때 한라산 중턱 같은 느낌이 들었다.

그런데, 한국 건축에 관심 있는 나는 흥밋거리가 하나 더 있었다. 연대봉(723m)이다. 연대는 봉수대라고도 하는데, 불과 연기 신호로 교신하는 조선시대 군사 통신시설이다. 첫 등반 때 산 입구 탐방로 안내판에서 그 이름을 발견하고는 이곳에 봉수대가 있었나보다 기대했었다.

천관산 정상 능선 탐방로로 연결된 봉오리 가운데 하나인 연대봉에는 봉수대가 설치됐었다. 지금은 화덕(연조)이 놓였던 높은 단만 남아있지만, 과거에는 이 연대 위에 경주 첨성대처럼 생긴 크고 높은 굴뚝을 만들고, 여기에 불 피워 봉화를 운영했다. 당연히 이 연대 주위에는 병사들의 막사와 생활시설도 있었을 것이다.

천관산 연대는 1986년에 복원한 것이다. 연대에서 멀지 않은 곳에 통신사들이 세워 둔 높은 안테나가 보인다. 수백 년 전에는 저 통신 안테나가 바로 이 봉화 시설이었다.

조선시대 봉수는 전국에 걸쳐 총 5개 노선이 운영됐다. 최종 집결지인 서울 남산 봉수대를 향해 경남(부산), 전남(여수)을 포함해 북한 지역에서도 3곳의 국경지대 출발점이 있었다.

신호체계도 따로 있었다. 평화로운 정상 상태에서는 한 개를 피우고, 적을 발견하면 두 개 하는 식으로 늘려 가다가, 전투가 벌어지면 5개를 피워 긴급 상태임을 알렸다. 또 낮에는 연기, 밤에는 불꽃을 사용해 잘 보이도록 했다.

천관산 봉수는 이 지역 바닷가의 군사정보를 알리는 수단으로 동쪽 보성과 서쪽 강진의 봉수를 연결했다.

봉수가 설치된 산은 인근에서 전망이 가장 좋은 산이라는 뜻이 된다. 그러니 천관산 정상 뷰는 이미 오래전에 보증된 것이다.

바다가 보이는 천관산 (2018. 9. 장흥)

복원 중창 중인 고찰 천관사

천관산 북쪽 경사면 중턱에 천관사(해발 320m)가 있다. 이 절은 산 아래 등산 출발점과 산 정상 사이의 중간쯤에 있어서 등산객들이 쉬어가기 좋은 위치다. 계곡에 있는 절터 주위를 산자락이 동그랗게 감싸 안고 있어서 아늑하면서도 시야는 트여 답답하지 않다.

산지 사찰들은 인근 마을과 연결되어 있기 마련인데 천관사도 산 아래 큰 마을에서 올라오는 등산로가 있다. 이 마을이 바로 내가 사는 동네다. 동네 어른들한테 듣기로는 과거에는 천관사까지 걸어서 다니는 주민들이 많았고, 지금도 수시로 절에 다니는 아주머니들이 계신다.

통일신라 시대인 800년대 초엽에 창건된 천관사는 1천 년 넘게 이 길을 통해서 사람들과 연결됐을 것이다. 이 길은 천관산 등산로 3개 노선 가운데 정상에 오르는 가장 짧은 코스다. 마을에서 절을 연결하는 포장도로가 절 주차장까지 이어지기 때문이다.

천관사는 한동안 폐사됐다가 재건한 절이다. 주요 건물들을 복원한 지 오래되지 않아 고풍스럽기보단 절 분위기가 밝고 깔끔하다. 그러나 천관사는 얕잡아 볼 절이 아니다. 신라 양식인 3층 석탑(보물)과 석등(지방문화재)은 절 창건 당시의 위세를 말해준다.

천관사는 고려시대에도 잘 나갔던 것 같다. 목포대학교 박물관이 실시한 과거 발굴조사에서는 고려청자 편이 다량 발견된 바 있다. 또 고려시대 관련 기록에는 천관사에 범종과 탑이 묘사되어 있고, 고려 후기엔 5층 석탑을 세운 사실이 확인된다.

다른 사찰들이 억압받던 조선시대는 역설적이게도 천관사의 전성기였다. 억불정책으로 장흥에서도 많은 절들이 강제로 문을 닫았지만, 천관사는 장흥 보림사와 더불어 당시 조정이 지정한 사찰로 살아남았다. 조선시대 천관사 모습을 전하는 기록은 비교적 많은 편이다. 조선 전기까지만 해도 천관사의 건물은 수십 동에 달했고, 특히 16-17세기에는 불전 목판 인쇄를 여러 차례 거듭할 정도로 위상이 대단했다고 한다.

그러다가 절정기에 찾아온 위기처럼 천관사는 18세기(1747년)에 대화재로 급격히 쇠퇴해 폐사 지경에 이르렀다. 근래 들어서 지난 10여 년 동안 지속적인 복원과 중창으로 다시 지금의 단정한 산지 사찰로 거듭난 것이다.

지금 천관사의 모습은 절을 새로 연 것처럼 깔끔해서 한옥 펜션 느낌마저 난다. 지난겨울 스님들의 배려로 하룻밤 투숙해본 요사채는 고급 한옥 게스트하우스처럼 쾌적했다.

한편, 천관사에는 발굴조사에서 나온 특별하게 생긴 건물 초석이 전시되어 있다. 주차장에서 중앙계단을 오르면 중간 석축 앞에 큼지막한 돌들이 일렬로 늘어서 있다. 이 초석들은 고려말 조선초까지 사용된 '고막이 초석'이다. 석재 상면에 동그랗게 다듬어진 기둥자리의 높이가 요즘 한옥 초석들과 달리 아주 낮다. 건물에 마루나 온돌방을 만들려면 초석 위에 기둥 놓이는 자리를 높여서 여유 공간을 확보한다. '고막이 초석'은 마루와 온돌방이 없는 건물에 쓰인 부재다. 조선 초까지의 불전에는 마루 없이 바닥에 방전(일종의 전통 '보도블록')을 깔아 사용했는데, 인근 강진의 조선 초기 건물로 귀한 사례인 무위사 극락전이 원래 전돌 바닥이었다.

천관사 삼층석탑과 대웅전 (2021. 12. 장흥)

그러므로 고막이 초석의 발굴은 그 자리에 조선 초기까지의 고식 건물이 있었다는 의미다. 천관사 삼층석탑 앞에 몇 년 전 복원한 대웅보전 건물이 조선 초기 양식으로 지어진 것도 이 때문인 듯하다. 대웅보전의 세부 치목(나무를 깎고 다듬는)기법은 서울 숭례문이나 안동 봉정사 대웅전과 유사한 조선 초기 다포계 건물 양식이다.

발굴조사에서 나온 고막이 초석(2021. 12. 장흥)

시골마을 오래된 건축 뜯어보기

장천재

　장천재는 장흥 귀촌 전부터 알았던 건물로 건축사 전공 도서에도 언급되는 건물이다. 이 건물은 조선 후기 양반가의 문중에서 운영했던 서당 건물 중 평면 형태가 특이한 사례다. 장천재는 조선시대 흔치 않은 H형 평면으로, 지금은 장흥 위 씨 문중 제사를 지내는 재각으로 쓰인다.

　천관산 주차장에서 오르는 메인 등산로 초입부 계곡에 위치했다. 계곡이 깊고 언덕이 높아 입지가 독특하고 경관이 뛰어나다. 원래 이 자리에는 장천암이라는 암자가 있었는데 어느 시점엔가 용도 변경된 듯하다. 조선 후기 향촌 사회에서 이름 있던 실학자 존재 위백규(1727-1798)가 강학과 교류의 장소로 사용했다. 지금 건물은 1873년 새로 중건한 것으로 지방문화재로 지정됐다.

　장천재처럼 불교 건물이었다가 용도가 바뀐 경우는 드물지 않다. 사찰이나 암자가 서원이나 문중 서당은 물론 관공서의 일부로 바뀐 예는 전국에 많다. 대표적으로 조선시대 사액서원의 효시인 경북 영주의 소수서원이 있다. 소수서원은 숙수사라는 절터에 풍기 군수 주세붕이 고려시대 성리학자(안향)의 위패를 봉안하고 강학 공간을 열면서 시작됐다. 이를 모범사례로 여긴 퇴계 이황이 선조 임금에게 알렸고, 조정에서 '땅과 노비를 내려'(사액) 격려한 것이 최초의 서원인 소수서원이다. 뿐만이 아니다. 남원 광한루와 더불어 조선 3대 누각으로 이름난 밀양 영남루와 울산 태화루도 고려시대에는 절터였다. 불교의 영향력이 컸던 고려가 망하고 유교 국가가 세워지자 건축도 그 영향을 받은 것이다.

한편, H자형 평면이 일반적이지 않았던 데에도 당시 유학자들 사이 유행하던 가치관이 보인다. 한자의 장인 '공'(H를 돌려서 세운 형태) 자가 조선시대에 천시받은 공업과 연관있어 꺼렸다는 것이다. 물론, 그렇다고 사례가 없는 것은 아니다. 얼마 전 보물로 지정된 도산서원 농운정사가 대표적인 H평면이다. 여기서는 오히려 장인이 일에 열중하듯 학문에 정진하라는 의미로 지었다는 설명도 있다. 조선 후기 보은 선병국 가옥도 H평면 이다. 장천재는 정면5칸 측면4칸으로 규모가 크고 넓은 누마루도 인상적이다. 지붕은 평면 형태를 따라가므로 매우 화려해졌고 전후면 처마가 서로 달라지는 특징도 갖게 됐다.

동백꽃 붉게 물든 계곡

천관산 자연휴양림 근처 계곡에 있는 동백숲은 천관산의 숨은 보석이다. 이곳의 동백나무 자연 군락지는 국내 최대규모라 하는데, 현재 보호림으로 지정되어 있다.

장흥에는 기후가 적합해서인지 자생 동백나무가 아주 흔하다. 다른 곳에서는 보기 드문 거목도 많아서 어느 마을을 가도 5-6미터 높이의 동백 노거수 몇 그루쯤은 쉽게 보인다.

그런데 천관산 동백숲에 가면 전혀 다른 차원의 동백꽃을 볼 수 있다. 천관산 자락의 어느 깊고 넓게 뻗은 골짜기 하나 전체가 동백꽃으로 뒤덮혀 있다. 평균 수령 100년 내외의 거목 2만여 그루가 골짜기를 메우고 새빨간 꽃을 매달고 있다.

지난봄에 처음 보고 나는 한눈에 매료됐다. 화분이나, 잘해야 눈높이 아래에 있어야 할 꽃이 하늘을 뒤덮었다. 산책로를 걸으며 올려다보면 거리감 때문에 우거진 숲에 붉은 점을 흩뿌린 듯 보인다. 길바닥이 떨어진 동백꽃으로 뒤덮이면 발걸음을 어디에 둬야 할지 난감하다.

장흥 동백꽃 (2021. 3. 장흥)

13

—

400년 씨족마을의 고택들
장흥방촌문화마을
(근암고택, 판서공파종택, 존재고택, 신와고택, 오헌고택)

3년 전 방촌마을의 집들을 처음 보고 나는 좀 놀랐다. 이 마을에는 수준 높은 건축 문화재가 여러 채 있다. 장흥에 와서 살게 된 것도 우연인데, 옆 동네에 이렇게 멋진 집들이 많이 있을 줄은 미처 몰랐다.

왜 그런 말 있잖은가. 책 한 권 읽은 사람이 제일 겁난다고. 그때 나는 집 좀 안다고 생각했었다. 전국을 돌며 일하는 특성상 한옥 목수들은 여러 지역 전통 마을과 고택에 익숙하다. 게다가 뭐라도 몰입할 대상이 필요했던 초보 목수 시절 나는 일삼아 전통 건축을 파고들었고, 공부한 건축물을 계획적으로 찾아다녔다. 그렇게 5년쯤 지나자 전국의 이름난 건축물들은 웬만큼 봤고, 알만큼은 안다고 생각했다. 그러던 당시의 내가 알기로는 이 근처에 문화재로서 가치가 있는 이 정도의 고택들은 없었다. 장흥 사인정과 장천재, 강진 무위사 극락보전, 보성 열화정, 영암 도갑사 해탈문 정도가 건축구조 논문이나 건축사 전공 도서에 언급되는 건물이 었다.

그런데 그게 다가 아니었던 거다. 코앞에 보물 아닌 보물 같은 집들이 무더기로 있었다. 장흥 온 지 몇 달쯤 됐을까, 근처에 멋진 고택이 있단 말을 듣고 자전거로 들러본 방촌마을 고택들은 기품이 있었다. 집도 한두 채가 아니라 마을 전역 군데군데에 여러 채였고, 전라도 부농가 건물 배치 모습이 잘 드러나 흥미진진했다. 이곳 고택들은 안동 하회마을이나 경주 양동마을, 성주 한개마을 같은 경북 내륙 고택들과 다르면서도 그에 못지않게 가치 있는 집들로 보였다. 20세기 초 상류층 주거 건축으로 남해안 지역의 특징과 시대성도 뚜렷했다. 게다가 방촌마을은 아직 이름난 관광지는 아니라서 농촌 마을 원래의 생활풍속을 보는 재미가 있다. 방촌마을을 보며 나는, 아직 덜 알려지긴 했어도 가치 있는 문화유산이 곳곳에 많다는 사실도 알게 됐다.

마을의 형성

마을 이름 '방촌'은 들판을 가운데 두고 여러 동네가 이어져서 생긴 넓은 촌락이라는 뜻이다. 이곳은 장흥 위 씨가 400여 년을 살아온 집성촌이다. 마을 입구에서 멀지 않은 곳에는 국가지정문화재인 석장승과 지

방촌마을 근암고택. (2021. 9. 장흥)

석묘군이 있어 마을의 오랜 역사를 상징한다. 장승은 보통 마을로부터 1-2km 앞에 세워 동네를 알리는 표지판 구실을 했다. 정월 보름이면 지금도 주민제가 열리는 이곳 장승은 돌을 깎아 세웠다. 대략 3천 년쯤 전 청동기 시대 유적인 고인돌은 방촌마을과 직접 연관은 확인되지 않아도, 이곳이 이미 오래전에 역사의 검증을 거친 마을임을 말해준다. 실제로 방촌마을과 인근 몇몇 동네가 백제시대 이후 오랫동안 주거 중심지였음을 전하는 기록도 있다.

장흥 위 씨 입향조(마을에 맨 처음 들어온 조상)는 석장승에서 가까운 마을에 터를 잡았다. 당시만 해도 이곳은 서로 다른 성씨들이 함께 사는 동네였다. 인근 당동마을에서 분가한 위 씨의 지손이 이곳에 들어왔을 때는 당연히 소수파였다. 그 후 수백 년 동안 자손이 번성하고 마을이 확장하면서 지금의 규모 있는 위 씨 집성촌이 됐다. 방촌마을 형성과정은 전국 다른 씨족 마을들의 발전경로와 비슷하다. 예를 들어 안동 하회마을은 장가온 풍산류씨가 번창하고 다른 성씨들이 줄어들면서 류씨 집성촌이 됐다. 임진왜란 때 영의정을 지냈고, '징비록'의 저자로 유명한 류성룡 같은 고관의 출현은 집성촌 형성의 촉매제가 됐을 것이다. 다른 마을들도 이와 유사하다.

방촌마을에서 문화재로 지정된 여섯 가구의 고택은 모두 장흥 위씨 종가와 지손들의 집이다. 입구에서부터 근암고택, 판서공파종택, 존재고택, 죽헌고택, 신와고택이 있고, 다시 입구 쪽으로 나와 길 건너편 마을에 오헌고택이 있다. 씨족마을의 확장 과정도 대체로 이 순서와 비슷하게 점진적으로 진행됐다. 여섯 채의 고택 중에서 마을에 들어서면 가장 먼저 볼 수 있는 근암고택과 판서공파종택이 위치한 곳이 집성촌으로서 방촌마을의 시작점이다. 고택 여섯 가구 중 국가지정문화재는 존재고택, 신와고택, 오헌고택이고, 나머지 근암고택, 판서공파종택, 죽헌고택은 지방문화재다. 또 1993년 방촌마을 자체가 전통문화마을로 지정됐다.

견고하고 절제된 근암고택

근암고택은 첫 번째 마을 중간쯤 위치했다. 이 고택은 인접한 판서공 파종택 보다 한 두 세대 후대에 지어진 듯하다. 집터에 위씨가 살기 시작한 것은 1649년부터지만 지금 건물은 1910년에 보수했다. 후대에 부속채들을 정돈한 탓에 건물 한 채만 남아 있지만, 이 집 안채는 방촌마을 고택 안채 중에서 가장 오래됐다.

근암고택에는 근래에 퇴직하신 아드님이 노모를 모시고 집을 관리하며 거주하고 있다. 나는 이 집에 세 번 다녀왔는데, 두 번째 답사였던 2021년 1월에는 한 마을 사는 어느 선생님과 가까이 지내는 인근 마을 형님이 동행했다. 당시 툇마루에 나와서 답사 일행을 정겹게 맞아주던 아흔 넘으신 노부부의 선한 인상이 떠오른다. 근래의 세 번째 답사에는 퇴직한 아드님과 노모만이 계셨다. 노모께서 내내 건강하시기를 기원한다.

고택의 대문을 열고 마당에 들어서면 단아하고 위풍당당한 안채가 한눈에 들어온다. 부속채들이 정리된 너른 마당에 홀로 서 있지만 집은 전혀 왜소해 보이지 않는다. 이 건물은 마을의 다른 고택 안채들에 비해 규모가 작은 정면 5칸 측면 2칸의 '一'자 집이다. 가운데 세 칸만 툇마루를 설치했고, 양쪽 협 칸은 전면 퇴 칸을 늘려 방으로 사용했다. 집안을 안내해주던 아드님 얘기로는 원래 집 뒤에 있던 'ㅁ'자 집을 현재 위치로 옮겨 지으면서 그 목재 일부를 재사용했다 한다. 뒤쪽 원래 집터는 정돈해서 넓은 텃밭으로 사용 중이다. 앞의 마당과 뒤 텃밭이 넓고 시야가 멀리까지 트여 건물이 돋보이는 느낌이다.

근암고택 안채는 기둥과 보, 도리 등의 구조부재 규격이 크고, 겹처마를 하지 않은 지붕선이 어울려 단단하고 절제된 기품이 있다. 특히 일반 집들에 비해 높은 기단(토방, 건물이 놓인 대)이 건물을 강조한다. 경사지에 집을 지으니 건물 뒤쪽과 앞쪽 지반 높이차가 생기는데, 건물터가 수평이 되게 앞쪽에 높은 단을 쌓아 올렸다. 우뚝 솟은 기단 위에 야무지게 짜인 건물을 올려놓으니 더 당당해 보이는 것이다.

집이 아름답게 보이는 또 다른 비결은 지붕에 있다. 일반적으로 팔작지붕은 세 개의 지붕 마루 선에 의해 조형미가 결정된다. 지붕 맨 위 가로 방향으로 용마루, 용마루 선이 끝나는 양쪽 끝에서 전후 면으로 뻗은 내림마루, 다시 내림마루 끝 부위에서 건물 모서리로 뻗어가는 추녀마루다. 그런데 이 집은 다른 팔작지붕보다 추녀마루 선을 길게 만들어 우아한 맛이 난다. 이를 위해 내림마루 위치를 건물 안으로 옮기고 크기도 줄였다. 따라서 지붕 위 측면에 보이는 삼각형 모양의 벽체 부위인 합각벽이 유난히 작다. 그 결과 이 집은 팔작지붕임에도 합각벽이 없는 우진각지붕의 느낌이 강하게 난다. 그래서 건물이 더 우아해 보인다.

800년 전 군청 자리_ 판서공파종택

판서공파종택은 1600년대 초 위씨가 입향 하던 시기에 자리 잡았다. 근암고택과 더불어 장흥 위씨 씨족촌의 시작 점인 이 고택은 14대에 걸쳐 350년 동안 종갓집이었다. 지금 건물은 기존 집을 헐어 내고 1940년대에 새로 지은 집이다. 그러나 사당 건물은 300여 년이나 됐다. 이 집의 사당 건물은 종갓집답게 크고 기품이 있다. 다른 고택들의 사당이 한 칸 짜리인데 비해 판서공파종택의 사당은 3칸이다. 여느 사당 건물처럼 맞배지붕을 했는데 단아한 조형미가 눈에 띈다.

안채의 기단 앞으로는 동백나무들을 비롯한 정원수들이 가꿔져 있고, 높은 기단의 오르내림을 돕는 난간과 계단이 있다. 이것은 근래에 새로

방촌마을 판서공파종택(2021.1. 장흥)

조성한 편의시설로 보인다. 이 집처럼 안채 앞에 정원수를 심은 경우는 잘 볼 수 없는 모습이다. 안마당은 관혼상제 같은 집안 행사는 물론, 추수한 곡물을 손질하는 다용도 공간이다. 판서공파종택에서는 아마도 어느 시점부터 이런 쓰임이 사라지면서 관상용 수목을 심은 것 같다.

판서공파종택 집터는 마을 역사를 전하는 특별한 이력이 있다. 여기는 고려 후기 230년(1149년- 1379년) 동안 관청이 있던 자리다. 고려 말기 회주목 장흥부(지금의 군)의 동헌과 객사가 여기에 있었다. 800여년 된 일이지만 지금도 인근에 객사골이라는 지명이 남아 있다. 읍지 등 관련 기록에 따르면, 고려말 인종의 '공예태후' 임씨의 고향이 인근 당동 마을인데, 태후의 고향이라 해서 행정단위를 승격하고 지금의 방촌마을을 군청 소재지로 삼았다. 고려말 왜구의 침략이 잦고 피해가 극심해지자 나주로 이전했고, 조선 건국 후에는 현재의 장흥 읍내로 이동하면서 행정중심지가 개편됐다. 이 일대를 "고읍"이라 한 것도 그때부터인데, 지금도 인근 관산읍에는 "고읍천"이라는 개천 이름이 있다.

판서공파종택은 조선 후기 집성촌의 성립과정을 보여주는 산실이자, 그로부터 500년 전사도 함께 전하는 흥미로운 집이다.

실학자의 집_ 존재고택

존재고택은 이 지역에서는 잘 알려진 실학자 존재 위백규(1727-1798)의 생가다. 존재 위백규는 지역사회에서 평생 후학 양성에 전념

방촌마을 존재고택 안채(2021. 11. 장흥)

하다가 노년에는 정조에 의해 관직에 불려 나가기도 했다. 평생 다량의 저술을 남겼고 제자들을 많이 길러내 지역사회에서 영향력이 컸다고 한다. 인근 명산인 천관산의 장천재는 그가 학문과 후학 양성에 전념했던 문중 서당이었다. 장흥 읍내와 향교가 가까운 곳에 그의 동상이 세워져 있다.

존재 고택도 방촌마을의 다른 고택들처럼 기존 건물을 헐고 1937년에 신축했다. 그러나 이 터에 처음 집을 지은 시기는 17c 말에서 18c 초엽으로 확인된다. 전체적인 배치 구조는 초창 당시와 다르지 않을 것으로 본다.

이 집은 앞서 본 다른 두 집보다 규모가 크다. 총 다섯 동의 건물이 있는데, 안채와 사당, 서재, 헛간채, 대문채로 구성된다. 대문 밖에는 연못을 만들었다.

이처럼 규모가 큰 반가의 등장은 당시의 경제 상황과 연관 있다. 조선 후기에 농경 기법이 혁신되고, 상업이 발달하면서 지역사회에 부농들이 출현하는데, 존재가 살았던 시기에 장흥 위씨들도 재력을 키웠던 것 같다.

존재고택도 대지가 넓고 개방적이며, 언덕 위에 집을 앉혀서 전망이 훌륭하다. 안채는 안온한 안마당을 가지고 있다. 좌우로 서재와 헛간채가 있고 전면에는 문간채가 있어서 사각형의 마당이 만들어졌다.

안채는 좌우측에 퇴칸을 덧붙인 전면 5칸 측면 2칸의 겹집이다. 살림 규모를 나타내듯 평면이 크고 집이 당당하다. 기단은 자연석을 다듬어 줄 바르게 쌓지 않고 한 층에서도 돌의 높낮이가 다르게 허튼층 쌓기를 했다. 이런 기단은 자연스럽고 정감 있는 입면이 특징이다.

기둥과 보, 도리 등 구조재로 쓰인 목재가 굵고 실한 것도 집안의 경제력을 나타낸다. 특히 방촌마을에서 가까운 천관산과 인근 야산에 좋은 목재가 풍부했다고 한다.

안채 북동쪽으로 여러 단의 자연석 계단을 오르면 사당이 있다. 언덕 위에 지은 사당은 지대가 높아 올라서면 들녘이 내려다보인다. 집의 가장 높고 좋은 위치를 택해 서당을 안치한 것은 조선시대 반가 건축에서

존재고택 안채의 유자나무와 장독대 (2021. 11. 장흥)

일반적인 건물 배치 방법이었다.

사당 건물은 툇마루까지 설치하고 한껏 장식도 했다. 지붕측면의 널이 부착된 풍판은 밑면이 W모양으로 특이하게 장식되어 있다. 문은 전면에만 쌍여닫이 판장문을 달았는데, 중앙에 빗살을 넣은 불발기창을 만든 것도 눈에 띈다. 존재고택 사당은 특별히 공을 들인 모습이다.

존재고택 안채 옆으로는 장독대와 암키와장으로 쌓아 멋을 부린 굴뚝과 우물이 있다. 대지가 여유로워 특별한 조경 없이도 고즈넉하고 편안하다. 장독대 옆에 심은 유자나무 한그루가 운치를 더한다.

존재고택에서 가장 특징적인 건물은 안채 앞에 있는 서재다. 존재 위백규가 사용한 공부방이었다고 한다. 이 집이 다른 고택들에 비해 단정하고 담백한 맛이 나는 것도 안마당에 있는 이 서재의 영향 같다. 이 건물은 사람의 거처로는 방촌마을 고택 중 가장 오래됐다. 1775년 개축했다는 기록이 전한다.

그런데 이 서재는 안채와 따로 있어 언뜻보면 사랑채가 아닌가 싶기도 하다. 그러나 존재고택 서재는 당시 전국에서 등장한 일반적인 사랑채와는 위치와 기능면에서 차이가 크다. 조선 후기 반가 건축의 사랑채는 위세를 과시하듯 집의 전면에 돌출해서 짓고, 손님 진입 구역과 안마당을 명확히 구분하며, 외부로부터 여성들의 구역을 철저히 격리하는 모습이다. 그런데 존재 고택의 서재는 안마당 안에 짓고 안채와 거의 맞대고 있다.

또 행랑채 공간이 멀리 있어서 일꾼들의 업무나 농사일을 지휘 감독하는 외부 업무 지휘통제소로서도 적합해 보이지 않는다. 즉, 존재고택

방촌마을 존재고택 서재 (2021. 11. 장흥)

서재는 위치나 기능으로 볼 때 일반적인 사랑채와는 확연히 구별된다.

서재 건물은 오히려 조선 전기의 사랑채 또는 사랑방들과 유사하다. 이 서재가 지어지기 이전 시대인 조선 전기에는 실제로 사랑채가 안채와 붙어 있거나 심지어 같은 건물에서 일부 공간만 구분해서 사용하기도 했다. 아직 남성의 독립적 공간으로서 사랑채가 전면적으로 등장하기 이전의 어중간한 사랑채라고도 할 수 있다.

존재 위백규 선생이 학문했다는 서재는 안채 쪽으로는 벽을 두르고, 반대편에 툇마루를 설치해 독립성을 확보했다. 방 1칸, 마루 1칸의 최소화된 평면 구조다. 아궁이는 부뚜막 없는 함실아궁이를 설치했다. 지붕도 독특해졌는데 안채랑 접촉하는 부위는 지붕 간 충돌이 없도록 돌출하지 않는 맞배지붕을, 반대 방향은 모양을 살려 팔작지붕을 했다.

난간 대용으로 굵은 왕대나무가 무심하게 걸려있다.

민속생활상이 잘 보존된 집_ 신와고택

방촌마을 가장 안쪽 깊숙이 있는 신와고택은 큰 대지에 건물도 많은 대농가임에도 아기자기하고 볼 게 많아서 둘러보는 재미가 있다. 신와고택은 농사를 크게 짓고 살던 당시의 살림살이 모습이 그대로 보존되어 있다.

건물은 무려 7동이나 된다. 안채, 사랑채, 사당, 행랑채, 헛간채, 축사, 문간채. 여기에 딸린 우물까지 잘 보존되어 있다.

방촌마을 신와고택 (2021. 11. 장흥)

안채는 다른 고택과 크게 다르지 않은데, 바로 앞에 또 한 채의 큼지막한 건물이 있어 이채롭다. 한 마당 안에 사랑채가 안채와 나란히 서 있는 모습이다. 그런데 특이하게도 신와고택 사랑채는 외양간과 정지를 갖추고 방 4칸과 대청마루가 있다. 이 집 사랑채의 평면 구성은 일반적인 사랑채와는 전혀 다르다. 남성 가장이 독립적으로 사용하며, 외부 손님 맞이에 특화된 보통의 사랑채는 정지가 없고, 마구간이 있을 수도 없다. 그러나 신와고택의 사랑채로 불리는 이 건물은 독립 세대가 별도의 살림이 가능하도록 모든 생활 설비를 갖춘 집이다.

신와고택처럼 안채 앞에 또 한 채의 살림집이 있는 배치 형태는 제주도에 일반적인 민가 형태다. 제주도에서는 나란히 두 채의 살림집을 두고 부모가 안채에 살다가 장남이 결혼해서 살림을 꾸리면 아래채에 살도록 했다. 두 건물은 서로 마주 보고 서는데, 제주도 방언으로 안채를 안 끄리, 바깥채를 밖 끄리라 불렀다.

남해안 일대의 건축구조는 전통적으로 제주도와 유사한 특징을 갖는다. 신와고택이 그런 영향을 보이는 것인지는 확실치 않지만, 형태상 제주도 민가 평면과 유사점이 있는 것은 사실이다.

신와고택처럼 부모와 장남의 살림이 한 가옥에서 이뤄지는 경우 세월이 흐르면 자리바꿈이 있기도 했다. 부모가 노쇠하거나 홀로 남고, 손주들이 장성하여 공간이 부족해지면 자연스럽게 서로 건물을 바꿔서 살았던 것이다.

사랑채 앞의 담장이 일부 뚫려 있는 것이 눈에 띈다. 담장 밖 우물로 통하도록 일부러 낸 출입구인데 이 계단으로 식구들이 아침저녁으로 왕래했을 것이다. 식수 조달, 식재료 손질, 빨래, 세면까지 온 가족이 함께 사용했던 우물이다. 그런데 신와고택에는 안채 저편으로 또 하나의 우물이 있다. 이 정도의 가옥 규모라면 전성기 시절 거주 인원이 20-30명은 충분히 되고도 남았을 것이다. 또 안채와 사랑채 그리고 일꾼들이 거주하는 건물의 사람들이 매일 씻고 살림을 하기에는 우물 하나로 불편이 있었을 것이다.

사랑채 안에 외양간이 있는 구조는 일반적인 민가의 모습이다. 어린 시절 내가 살던 동네에도 정지 한편에 소를 키우는 외양간이 함께 있었다. 또 지금 내가 리모델링해서 살고 있는 장흥 촌집의 아래채에도 과거 부엌과 외양간이 한 칸에 있는 구조였다. 이런 구조는 강원도 산간지방에 가면 더 흔했다. 겨울철 추위로부터 재산 목록 1호인 소를 보호하고, 집안에서 키움으로써 맹수들의 습격에 의한 피해도 방지했다.

신와고택이 보여주는 대농 가옥의 민속사적 재미는 여기서 그치지 않는다. 문간채에는 대문 양편으로 방과 광이 배치됐는데 흥미롭게도 광은 복층구조를 했다. 천장 위에 마루를 깔고 집 마당 쪽에서 계단을 설치해 오르내릴 수 있게 되어 있다. 이 재미난 마루는 일꾼들의 여름철 공간으로 사용된 것으로 보인다. 더운 여름밤에는 이 마루에서 자기도 하고, 농한기 한낮 불볕더위에는 시끄러운 매미 소리에 묻혀 목침 베고 낮잠을 청했을 것이다.

신와고택은 남해안 지역 대농 가옥의 살림규모가 잘 나타나고, 당시의 생활상이 있던 그대로 잘 보존된 집이다. 건축사적 가치를 인정받아 국가지정문화재가 된 고택이다.

방촌마을 오헌고택 사랑채 앞 연지 (2021. 11. 장흥)

기품있는 상류주택 오헌고택

오헌고택은 다른 고택들과 달리 건너편 마을에 있다. 오헌 위계룡 (1870-1948)이 완성했는데, 안채와 사당은 1918년에 지었고, 사랑채는 1922년에 지었다.

이 집은 안채와 사랑채의 배치 방법이나 전체적인 기풍이 죽헌고택과 유사한 면이 있다. (이 책에 실린 죽헌고택 관련 3편의 글을 참조하시길.)

그러나 오헌고택은 방촌마을 고택 중 가장 크고, 격식을 잘 갖춘 상류층 건축이다. 안채, 사랑채, 안 행랑채, 사랑 행랑채, 사당, 곳간채, 헛간 2동까지 건물이 8채나 되지만 대지가 워낙 넓어서 개방적이고 활달하다. 사랑채 밖으로는 전통 건축에서 전형적인 모습의 연지(연못)까지 갖췄다.

오헌고택은 축조 당시 공간을 그대로 간직하고 있고, 다양한 민속생활사 관련 자료를 소장하고 있어 2012년 국가 민속문화재로 지정됐다.

오헌고택의 가장 큰 특징은 안채와 사랑채의 완벽한 독립성에 있다. 안채가 있는 안마당 권역과 사랑채가 있는 사랑마당 권역이 각각의 출입문을 갖고 완전히 구분된다. 또 안채에 안 행랑채, 사랑채에 사랑 행랑채가 별도로 지어진 것도 보기 드물다. 이는 당시 최고급 상류층 건축에서나 볼 수 있는 격식이다.

각 구역별 공간도 명확히 구분된다. 안마당과 사랑마당의 독립성은 물론, 헛간채가 있는 작업공간과 바깥마당에서 집으로 들어오기 위한 진입공간 등 용도와 위계에 따른 공간구분이 뚜렷하다.

사랑마당으로 진입하는 대문은 집 앞 연지에서 곧장 들어가도록 나 있다. 반면, 안채로 들어가는 대문은 사랑채를 옆으로 끼고 진입하는데 동선을 한 차례 꺾어서 변화를 줬다. 사랑채 오른쪽 1칸을 덧달아 옆으로 돌출시켜 놓고, 대문을 열고 들어오면 그 돌출 부위에 막혀 직선 방향의 안채 부엌이 보이지 않도록 시선을 가렸다. 방문객은 대문 진입 후 오른쪽으로 꺾어서 안마당으로 들어간다. 이는 사생활 보호를 위한 동선 배치다. 대문에서 인기척이 들리면 마당에서 대처할 수 있도록 한 것이다.

사랑채는 안채를 중심으로 축선상에 배치했다. 사랑채 바깥마당에는 큰 연지가 있다. 조선시대 사대부들이 즐긴 전형적인 방지원도형 연지를 약간 변형시킨 모습이다. 방지원도는 사각 모양의 연못을 만들고 중앙에 동그란 섬을 두는 형태를 말한다. 이 섬에는 신선이 산다는 석가산을 조성하기도 했는데, 오헌고택의 연지는 자유곡선의 연못에 섬을 두 개 만들고 소나무와 오죽을 심었다.

사랑채 바깥에 나무 굴뚝이 눈에 띈다. 이 굴뚝은 사랑채 마당 왼쪽에 지은 두 칸짜리 건물의 굴뚝이다. 온돌방 한 칸과 대청마루 한 칸을 한 이 건물은 손님이 왔을 때 사용하던 방이다. 사랑채 앞에는 월계수 나무, 향나무, 치자나무, 영산홍, 매실나무 등을 심어 정원을 가꿨다. 조선시대 선비들 사이에 유행했던 도교적 취향의 연못과 정원이다.

14

—

남해안 백제계 석탑 보기
강진 월남사지 3층 석탑

　강진 무위사와 백운동 정원에 다녀오는 길이라면 인근 월남사지에도 잠시 들러볼 만하다. 이곳에는 석탑 하나만 덩그러니 서 있지만, 월남사지 삼층석탑은 중세시대 탑 변천 과정을 증언하는 흔치 않은 석조물이다. 꼭 탑이 아니라도 월출산이 멀리 보이는 산세가 아름답고, 절터도 넓어서 보는 사람의 마음이 평온해진다. 지금 이곳은 텅 빈 절터지만, 아마 1천 년쯤 전에는 지역 '핫플레이스'였을 것이다. 그것도 꽤 오랫동안 영광을 누린.

　나는 이곳에 두 번 다녀온 후로, 보름달 뜬 달밤에 다시 가봐야지 했는데, 아직 못 갔다. "월출산"에 "월남사지"라니 대체 달빛이 어떻길래 싶다. 인근에 "월하리"라는 마을까지 있어 더 궁금해진다.

천 년 전 핫플레이스

발굴조사로 확인되기로는 이곳에 절이 들어선 것은 백제시대부터였다. 탑 앞의 건물터에서 백제, 통일신라, 고려, 조선시대까지의 건물 개축 흔적이 확인됐다. 고대에 세워진 절이 조선시대까지 오래도록 유지되어 온 것이다. 발굴조사 당시 수집한 주민들의 증언에 따르면 100여 년 전까지만 해도 월남사지에는 탑이 2기 있었고, 근처 무위사 스님들이 와서 불공을 드렸다고 한다. 그 밖에도 탑 앞의 금당(불전) 터도 확인됐다.

고대 사찰은 기하학적 배치와 최고급 격식을 특징으로 한 상류층 건

월남사지 삼층석탑 (2021. 9. 강진)

축으로 극히 제한적으로만 지어졌다. 그러니 이 절은 오랫동안 지역 명소로 인기가 높았을 것이다.

그런데 그때와는 달리 탑 하나만이 남아 있는 지금, 이걸 보려고 길을 나서기는 망설여질 수 있다. 석탑은 좀 낯설고, 재미난 구조물은 아니기도 하다. 나도 전에는 가끔 절에 가면 있으니까 보는 정도였지 석탑에 특별한 감흥은 별로 없었다.

물론, 그 후 객관성을 상실하고 한국 건축에 빠져든 후에는 석탑 한 기 보려고 경주든 부여든 가리지 않고 다니는 신세였던 적도 있지만 말이다.

그런데 옛날 유행은 안 그랬다. 탑은 최소 1천 년 이상 한반도에서 친숙하고 중요한 석조물이었다. 석탑은 오랜 세월 동안 끊임없이 만들어 세워져서 전국 어디든 좀 오래됐다 싶은 절이면, 천년 된 석탑쯤은 쉽게 볼 수 있다. 그래서 누군가는 이 나라를 "석탑의 나라"라고 할 정도다.

석탑 나라

석탑은 부처의 사리를 보관한 불탑에서 유래했으니, 불교 신앙과 건축에서 핵심적 구조물이다.

석탑을 양산한 불교는 한반도에서 거의 천년 동안 영향력이 막대했다. 불교가 전래 된 삼국시대 왕들은 부처의 권위를 빌어 왕권의 정당성을 확보하고자 했고, 삼국 통일기에도 백제와 신라의 왕들은 강성대국을

꿈꾸며 수십 미터 높이의 목탑과 황룡사나 미륵사 같은 초호화 절을 지었다. 더 나아가 고려시대의 불교는 아예 국교였다. 왕자나 엘리트 귀족의 아들을 출가시켜 국사로 삼았고, 지방의 큰 절은 하나의 도시이자 행정기능을 겸하기도 했다.

이처럼 불교가 위세를 떨친 세월을 모두 합하면 장장 천년에 이른다. 물론, 중앙권력이 불교를 억눌렀던 조선시대는 논외지만, 실은 이때조차 신앙으로서 불교의 영향력은 사회 전반에 여전히 강했다.

오랜 기간 시대와 유행을 달리하며 끊임없이 세워진 석탑들은 뛰어난 내구력 덕분에 목조건축과는 달리 천년쯤 유지되는 일은 흔하다. 그 결과 전국 도처에 무수히 많은 석탑이 남았으니 "석탑의 나라"라는 말이 나올 만도 하다.

탑의 시초_ 목탑

불교의 탑 건축물이 처음부터 돌로만 만들어진 것은 아니다. 인도에서 처음 출현한 불탑이 중국의 목조 건물화를 거쳐 한반도에 처음 들어올 당시의 탑은 나무로 만든 목탑이었다. 잘 알려진 황룡사지 9층 목탑 말고도, 가장 오래된 미륵사지 동서 석탑 사이 중앙에도 거대한 목탑이 있었다. 그 목탑들은 당시의 전각(건물) 형태를 띠었다.

목탑 중 지금 남아 있는 건물은 두 채가 있다. 화순 쌍봉사 대웅전(3층)과 보은 법주사 팔상전(5층) 이다. 조선시대 건물이지만, 전통 목구조는 1천 년

목탑 건물인 쌍봉사 대웅전(2014. 5. 화순)

넘게 크게 달라지지 않았으니 목탑의 옛 구조 연구에 귀한 참고가 된다.

목탑 건물인 쌍봉사 대웅전을 자세히 보면 일반적인 석탑과 유사함을 알 수 있다. 실제로 석탑은 쌍봉사 대웅전처럼 생긴 목탑을 돌로 변환한 구조물이다. 목탑을 돌로 만들면서 간략화하고 돌의 특성을 살려 고유의 조형미를 창안한 것이 한국 석탑 건축의 독자성으로 평가되기도 한다.

그런데 목조건축 석조화의 초기적 흔적은 백제지역 석탑에서 잘 나타난다.

미륵사지 석탑은 목조건물의 세부 부재까지 비교적 자세히 표현되어 시원적 석탑으로 평가된다. 같은 백제계 석탑인 정림사지 오층 석탑은 더 세련된 변환을 보여준다. 즉, 단단하고 가공이 어려운 돌의 재료적 특징에 맞게 목탑 세부 표현은 생략하거나 간략화하면서 대신 전체적인 느낌을 잘 표현함으로써 석탑의 독자적인 형태미를 갖춘 예가 정림사지 탑이다. 월남사지 삼층석탑은 정림사지 오층 석탑과 유사한 점이 많아서 일찍부터 보물로 지정됐다.

목탑의 석탑화를 보여주는 백제 석탑

정림사지 오층 석탑은 한눈에 보기에도 쌍봉사 대웅전 같은 목탑을 축소한 듯한 모습이다.

크기와 재료 및 용도가 다를 뿐 두 건축이 같은 형태임을 알 수 있다. 석탑 용어로는 옥개부, 목조 건물에서는 지붕부로 불리는 곳의 기본적인 특징도 서로 같다. 정림사 탑을 보면 후대의 석탑과 달리 처마 내밀기가 기단 밖까지 나와 있어 목조건물의 세부 모습과 같음을 알 수 있다.

처마선 양끝이 살짝 들린 반곡도 일반적인 건물 지붕과 같아 특징적이다. 탑신부라 불리는 기단 위 벽체부 역시 목조건물의 특징을 간략화

정림사지 오층석탑(2016. 8. 부여)

감은사지 동서 삼층석탑 (2015. 2. 경주)

해서 표현했다. 예를 들어 탑신부 양 옆으로 긴 부재를 세워 놓은 게 건물 기둥을 표현한 것이다. 그런데 여기서도 목조 기둥 치목기법 중 하나인 '민흘림 기둥'(밑 마구리보다 윗 마구리 지름을 1/10쯤 축소해 치목하기) 기법이 보인다.

즉, 정림사지 오층 석탑은 일반 목조건물의 비례나 건축기법을 그대로 반영한다. 그래서 이 탑은 목조탑이 석조로 바뀌는 변환 시점을 보여주는 것으로 평가된다.

석탑의 완성형 _ 경주 감은사지 석탑

삼국통일기 감은사지 석탑은 백제계 석탑에서 한 단계 변형되고 더 다듬어진 모습이다.

맨 하단부에 만든 기단이 두툼하고 1층 몸체인 탑신의 높이는 고대 탑보다 다소 낮아졌다. 이전 탑들이 1층 탑신을 크게 만들어 일반 목조건물의 비례를 반영했다면 감은사지 동서 삼층석탑은 그 틀을 벗어 던진 모습이다. 2층과 3층 탑신의 체감이 백제계 탑들처럼 더 이상 현저하지 않다.

1층 지붕부인 옥개부에서 밖으로 내민 처마의 위치도 기단 안쪽에 위치한다. 이 역시 기존 백제계 석탑에서 지붕이 기단 밖으로 내밀면서 일반 목조건물의 처마 모습을 따랐던 것과는 달라진 모습이다.

즉, 통일신라 시대가 되면 석탑에 아직 남아 있던 목탑의 흔적을 털어

내고, 석재 특성과 질감에 최적화한 모습으로 석탑의 독자적인 조형미가 완성된다. 이 때문에 감은사 동서 삼층석탑은 통일신라 석탑의 "전형"으로 평가된다. 그 후 전형 석탑은 불국사 삼층석탑에서 "정형화"된다. 다음 시기에 전국 곳곳에 만들어진 수많은 정형화된 석탑은 바로 여기서 확산된 것이다.

그러던 석탑은 통일신라 후기에 이르러 또 한 번의 새로운 변화를 겪는다.

최적화되고 정형화된 비율에서 탈피해 이번에는 가늘고 길어지며, 세부 묘사는 더더욱 간략화된 새로운 유행이 등장한 것이다. 이른바 고려계 석탑의 등장이다. 이때의 석탑은 층수도 다양해지고, 세운 위치도 파격적이다. 이제껏 본 적 없던 "이형"석탑을 비롯해 전반적으로 혼란스러울 만큼 다양한 탑들이 등장한다.

월남사지 3층 석탑은 이때 나타난 복고풍이다. 고려시대에 옛 백제와 고구려 지역에서 옛날 탑이 재등장했다. 백제 지역인 비인과 장하리에서 정림사지탑을 모사한 탑이 만들어졌고, 고구려 영향권이었던 곳에서 8각 다층석탑이 등장한 것이 그런 사례다.

고려시대에 다시 등장한 백제계 석탑

월남사지 삼층석탑의 세부 모습은 정림사지 오층석탑과 많이 닮았다.

1층 탑신의 높이가 2층과 3층보다 현저하게 높다. 이는 이른 시기의 석탑이 목조건물의 1층 건물 벽체를 표현하는 것과 비슷하다. 정림사지와 미륵사지 석탑도 1층의 높이와 그 외 상층의 체감이 매우 큰 특징이 있다.

탑 지붕부(옥개부)의 처마 끝선이 기단 밖으로 나온 것도 통일신라 이후 정형석탑보다는 그 이전 고대 석탑과 유사한 점이다. 또 처마 끝선의 옥개석 받침돌의 가공 수법도 정림사지 석탑같이 모서리를 곡선지게 가공했다. 역시 백제계 석탑과 닮았다.

이처럼 월남사지 석탑을 자세히 보면 그 구성과 축조법이 정림사 탑과 매우 유사함을 알 수 있다.

월남사지 석탑은 고려시대에 만든 백제계 석탑의 드문 사례다. 숲속 갈림길에서 여러 갈래 등산로를 가리키며 서 있는 이정표 같이, 월남사지 삼층석탑은 석탑 건축이 변화하는 한순간을 보여주는 건축물이다.

월남사지 삼층석탑 (2021. 9. 강진)

시골마을 오래된 건축 뜯어보기

15

—

전통 원림의 정수
강진 백운동 원림

강진 백운동 원림은 월출산 남쪽 시골 마을에 감춰진 격조 있는 별장이다. 마을 뒤로 난 오솔길을 따라 대나무 우거진 산책로를 걷다 보면, 청량한 계곡 건너편에 잘 가꿔진 원림이 나온다. 대나무와 동백이 우거진 산책길도 운치 있지만, 숲속에서 갑자기 마주치는 정원은 극적인 멋이 있다. 아기자기한 건물과 주변 경관이 자연스럽게 어우러진 백운동 원림은 아늑하고 환상적이다. 옛날 영화 '반지의 제왕'의 주인공 프로도의 고향마을이나, 그보다 더 옛날의 '개구쟁이 스머프'에 나오는 마을같이 동화 속에 들어온 느낌도 든다.

조선 중기에 지은 백운동 원림은 자연과 건축을 대하는 당시 사람들의 태도가 잘 드러나는 전통 정원이다. 문화재로서 가치를 인정받아

백운동 원림 대나무 숲길 (2020. 8. 강진)

시골마을 오래된 건축 뜯어보기

명승으로 지정됐고, 담양 소쇄원, 보길도 부용동 원림과 더불어 호남 3대 원림으로 불린다. 여기서 자극받은 사람들이 그림과 시를 남긴 200여 년 전이나, 사진을 찍어와 pc로 기록하는 지금이나 명승이 주는 감동은 다르지 않은 것 같다.

명승의 생명력

그런데 이 빼어난 경치는 백운동 원림이 역사의 굴곡을 견뎌내고 스스로를 유지하는 원동력이기도 한 것 같다.

지금 백운동 원림의 건물들은 한동안 사라졌다가 복원된 것인데, 이 복원은 기록 덕분에 가능했다. 조선시대에 원림을 다녀간 문인들이 남긴 시와 기행문이 복원에 힘이 됐다. 특히, 이곳의 아름다운 경치에 반한 정약용은 제자에게 그림으로 그리게 하고 12가지 풍경을 시로 남겼는데, 그것이 원림 복원의 근거가 된 것이다. 결국, 매혹적인 경치는 기록을 남기고 기록은 후대의 중창으로 이어졌으니 백운동 원림은 스스로 역사를 이어가고 있는 셈이다.

원림의 입지

흔히 '정원'과 '원림'은 비슷한 뜻으로 쓰이지만 의미가 조금 다르다. 정원은 담장으로 둘러싼 집안 뜰에 나무나 꽃을 심어 가꾼 곳이다. 이와는 달리 원림은 경치 좋은 곳이나 전원에서 머무르기 위해 조성한 것이다. 요즘의 전원주택과 비슷한 원림은 주거지에서 벗어나 자연과의 교감, 휴식, 학문수양, 교류 등의 목적으로 지은 특별 거주지다.

그러므로 원림이 들어서는 자리는 일반 주거지와 구별된다. 물론, 그렇다고 원림이 산간오지에 들어선 것은 아니다. 조선시대 원림은 보통 마을과 농지에서 반경 2km 이내에 들어섰다. 원림을 조성한 건축주는 경제적 여력이 있는 부농이었다. 따라서 집안 대소사 및 농사일 관리를 위해 생활 터전과 너무 멀어져서는 곤란하다. 백운동 원림 아래쪽에도 마을과 논밭으로 된 들판이 있다.

그런데 백운동 원림은 마을 뒤에 있지만, 밖에서는 전혀 눈에 띄지 않는다. 진입로를 따라 걸어 올라가는 중에도 거기에 원림이 있는지 알 수 없도록 숲속에 완전히 감춰져 있다. 외부에서 안 보이게 자리 잡은 백운동 원림의 입지상 특징은 다른 원림에도 일반적으로 나타난다. 사람들은 대체로 마을에서 가까우나 마을로부터 격리되고, 바깥에서 철저히 차단된 지형을 일부러 골라서 원림을 만들었다.

이런 '은거' 취향은 당시 선비들 사이에 널리 퍼져 있었다. 벼슬길에서 은퇴하거나 귀양살이 중일 때만이 아니었다. 재력이 뒷받침된 상류층 사이에서는 한적하고 경치 좋은 곳을 택해 건물을 짓고 머무는 일이 흔했다.

백운동 원림의 초가 (2021. 6. 강진)

자연주의

자연 속에 건물을 짓는 흐름은 백운동 원림이 만들어진 17세기 이전부터 있었다. 이미 16세기 중엽부터 전국 곳곳의 경승지에 원림과 정자가 들어서기 시작했다. 경북 봉화 권벌의 정자들, 경주 이언적의 독락당, 안동 만휴정 등이 대표적이다. 전라도에도 많은 사례가 있다. 송강 정철의 식영정이나 송순의 면앙정은 그중 잘 알려진 예다. 특히 담양 소쇄원은 백운동 원림보다 백 년쯤 앞서 지은 대표적인 원림 건축이다.

이처럼 가파른 절벽이나 암반 위, 경치 좋은 계곡에 집을 짓고 경관을 즐기며 학문 탐구와 휴식처로 삼는 것이 이 시대 상류층에 대유행이었다.

그런데 자연 속의 이점을 누리고, 나아가 자연을 건축에 융화시키는 게 원림 건축의 핵심이라면, 여기서 중요한 것은 건물이 아니게 된다. 주변 경관을 얼마나 잘 누릴 수 있느냐가 원림의 본령이다. 건물보다는 입지 즉, 원림의 터가 가장 중요한 것이다.

결국, 좋은 원림의 결정적인 요소는 천연의 멋이 넘쳐 나오는 절경을 택했느냐가 된다. 건물은 그저 기본적인 기능만 갖춰서 간소하게 짓더라도 주변 경관으로 멋이 나는 곳이어야 좋은 원림이라 할 수 있다. 이 때문에 원림을 조성할 때는 건물을 짓는 장인의 솜씨보다는 터를 고르고 결정하는 주인의 취향과 능력이 훨씬 중요하다. 그러므로 원림 건축에는 장인의 솜씨가 아닌 주인의 안목이 주로 반영되기 마련이다.

백운동 원림도 바로 그런 비경을 골라 자연 상태의 경관에 건물이 조화되도록 배치되어 있다.

백운동 원림의 정자 (2021. 6. 강진)

한편, 그런 좋은 원림을 조성하기 위해 사용된 특별한 조경 방법이 따로 있었다. 경치를 빌린다는 의미의 "차경" 기법이다. 차경은 자연환경을 누리면서 건축과의 공존을 추구한다는 점에서 요즘의 '생태주의 건축'과 원리가 비슷하다.

차경의 첫 번째 요소는 좋은 입지를 정하는 것이다. 입지는 건축행위로 바꿀 수도 없고 잘못 고르면 건축에 제약이 되기 때문에 신중을 기해야 한다. 조선 선비들이 선호한 입지는 숲속이나 높은 언덕, 개울가와 인적이 드물고 한적한 곳이었다.

차경을 구성하는 세부 요소들은 거리와 높이, 계절에 따라 다양한 풍경을 얻는 방법들이다. 높낮이가 서로 다른 지형에 건물을 앉힘으로써 입체적인 경치를 즐기고 계절별로 특색있는 경관이 나도록 나무를 가꾸는 것이다. 백운동 원림에서도 이와 같은 수법들이 잘 나타난다.

월출산을 끌어들인 백운동 원림

백운동 원림은 계곡을 낀 언덕 위에 축대를 쌓고 조성했다. 덕분에 사시사철 시원한 계곡물 소리를 들으면서 아래쪽 수려한 경관도 즐길 수 있다. 담장 안의 건물들은 각기 다른 높이의 축대 위에 놓여 외부 조망이 다르다. 건물별로 고유한 경치를 갖게 된 것이다. 또한 백운동 원림의 건물들은 모두 규모가 작다. 안채를 제외하고는 소박한 초가지붕이고, 하나같이 권위적이거나 돋보이지 않아서 경관의 일부처럼 자연과 어우러진다.

　백운동 원림이 아늑한 숲속 공원 느낌이 나는 것은 입지 덕분이다. 백운동 원림은 월출산 자락이 끝나고 들판이 시작되는 곳의 작은 야산에 만들었다. 야산 중간 계곡에 들어선 원림을 산 능선이 동그랗게 감싸 안아서 포근한 기분이 나는 것이다. 그런데 이런 지형은 아늑 하지만 자칫 답답해질 위험이 있다.

　백운동 원림 조성자는 이 문제를 간단히 해결했다. 원림 남쪽 언덕 위에 정자를 짓고 멀리 있는 경관을 끌어들임으로써 탁 트인 조망을 확보한 것이다. 이 정자에 올라 앉으면 원림 내부가 환히 내려다 보일 뿐만 아니라, 멀리 월출산 기암괴석과 봉우리도 한눈에 들어온다.

　백운동 원림은 아늑하면서도 원거리 경치도 함께 즐길 수 있는 환상적인 원림이 됐다.

백운동 원림. 멀리 월출산 정상이 보인다. (2021. 6. 강진)

16

—

조선 휴양섬 건축
보길도 윤선도 원림

보길도 윤선도 원림은 다른 곳에 없는 독특한 휴양지 건축이다. 조선시대 일반적인 원림과 전혀 다른 이곳만의 이색적인 배치 형태와 드넓은 조망이 비할 데 없이 아름답다. 원림 전체가 명승으로 지정되어 보존 중이다.

보길도 원림의 조성과정에는 특별한 비하인드 스토리가 있다. 조선 중기 문신 윤선도는 병자호란 당시 왕의 굴욕적 항복 선언에 낙심한 나머지 가산을 정리해 세상을 등지고 제주도로 향했다. 그런데 항해 도중 잠시 쉬려고 작은 섬에 배를 세운 윤선도는 보길도의 경관을 보고 그만 한눈에 사로잡히고 말았다. 윤선도는 제주살이 계획을 접고, 이곳에 정착해 원림을 만들었다.

당시 51세이던 윤선도는 가족과 함께 10여 년 동안 25채의 건물을 지어 원림을 가꿨다. 세상을 버린 후 멀어질수록 좋다고 노래한 시인이 가꾼 원림은 더없이 자족적이고 담대한 멋이 있다. 이후로도 관직과 유배로 섬을 떠나기는 했지만 84세의 일기로 생을 마치기까지 윤선도는 이곳에서 '어부사시사'를 비롯한 수많은 시가를 창작한 것으로도 유명하다.

이 원림은 윤선도 사후 완전히 폐허가 됐다가 300여 년 후인 근래 들어 재정비됐다. 건물은 보존되지 않았지만, 사람이 살지 않고 방치된 덕분에 초석과 건물터 같은 유적은 형체가 온전히 확인됐다. 원림 건축은 건물 자체보다는 경관과 공간의 조영법이 중요하다. 다행히 윤선도 본인과 후손의 관련 기록이 자세히 남아 있어 최초 건립 당시의 모습대로 복원공사가 이뤄진 것이다.

시원한 스카이라인

전국의 다른 원림과 구별되는 보길도 원림의 가장 큰 특징은 넓고 개방적인 입지다. 조선시대에 상류층이 집에서 떨어져서 따로 지은 별장을 원림이라 한다. 원림은 보통 본가에서 따로 떨어져 있지만, 그리 멀지 않은 계곡이나 야산 경치 좋은 곳에 지었다.

그런데 윤선도는 보길도의 메인 골짜기 전체를 활용해 원림을 조성했다. 이 때문에 보길도 원림은 은폐, 차단, 숨은 경치 속 휴식을 특징으로 하는 일반적인 원림과는 전혀 다른 경관을 갖게 됐다. 아마도 보길도 자

보길도 부용동. 중앙 왼쪽으로 드문드문 원림 건물이 보인다. (2021. 7. 완도 보길도)

체가 이미 한양에서 가장 멀리 떨어진 숨은 섬이고, 완전히 은폐된 독립 공간이니 더 이상의 차단과 격리 노력은 불필요했을 것도 같다.

보길도 원림이 들어선 골짜기는 천혜의 요새같이 아늑한 지형이다. 높은 산자락이 병풍처럼 빙 둘러 에워싼 형태다. 보길도 같은 산으로 된 작은 섬의 주거지는 보통 바닷가 가장자리에 있기 마련이다.

그런데 윤선도는 바닷가를 벗어나 섬 안쪽 보길도의 내륙지대에 자리 잡았다. 산이 에워싼 골짜기 한가운데의 언덕배기가 "연꽃이 피어나는 모양"이라 해서 '부용동'으로 이름 짓고 터전으로 삼았다.

이만큼 넓은 지역 전체를 정원으로 가꾼 사례는 민간 원림 건축에서는 유례가 없다. 궁궐 건축의 규모 있는 원림으로 창덕궁 후원이나 경복궁 향원지 일원이 있지만, 보길도 부용동만큼 개방적인 맛은 없다.

보길도의 하나뿐인 골짜기에 만든 윤선도 원림은 내륙의 원림과는 다른 차원의 경치를 갖게 됐다. 광활한 대지의 간섭 없는 시야, 섬의 독립적인 풍광이 어우러져 드문드문 자리 잡은 건물의 흥취를 극대화한다. 부용동 골짜기 안쪽 거주지역에서 보이는 능선의 스카이라인은 특히 아름답다.

원림 공간배치

동천석실과 온돌방 (2021.7. 보길도)

보길도 윤선도 원림은 세 권역으로 구성된다. 바닷가 쪽에서 들어오면 처음 마주치는 곳으로 골짜기 입구 왼편에 연(못)지와 정자를 갖춘 세연정 권역이 있다. 이곳은 잘 가꿔진 연못과 호화로운 정자, 유흥과 연관된 몇몇 시설, 공들인 경관 등이 눈에 띈다. 윤선도가 이곳에서 연회를 열었다는 기록이 전하며, 건축적 가치가 높은 조경시설들도 있다. 원림 조성 당시 윤선도가 각별한 공을 들인 구역으로 보인다.

두 번째 권역은 세연정을 지나 부용동 안쪽으로 깊숙이 들어와 골짜기 끄트머리 분지에 있는 거주지 구역이다. 이곳에는 사당과 윤선도가 거주한 낙서재가 있고, 그 옆으로는 아들과 제자들이 머무른 곡수당이 있다. 이 일대는 원림에서 가장 안온한 지형이고, 입구쪽 들판이 내려다보인다.

마지막으로 낙서재 건너편 산 중턱에 한 칸짜리 정자를 짓고 학문과 휴식 공간으로 사용한 동천석실 권역이 있다. 이곳은 부용동 골짜기 전체가 한눈에 들어오는 곳으로 경관이 가장 수려하다. 윤선도가 공부방으로 쓴 동천석실과 온돌방이 있다.

이 세 권역이 떨어져 있는 거리는 몇 개의 마을이 들어서고도 남을 만큼 멀다. 윤선도는 골짜기 전체를 하나의 공간으로 삼고 거리 제약 없이 대담하게 원림을 설계한 것 같다. 현재 복원한 건물들은 몇 동에 불과하지만, 윤선도와 자손이 거주할 당시에는 수십 채의 건물들이 더 있었다. 25채의 건물을 지었다는 기록으로 볼 때 살림 규모와 딸린 인원을 고려하면 부용동 골짜기 안에는 아마도 마을이 형성되어 있었을 것이다.

세연정 (2019. 11. 완도 보길도)

세연정과 세연지

　마을 진입부에 자리 잡은 세연정은 연회를 즐기던 장소였다. 건물은 전면 마루를 깔고 모든 창호는 들어열개문을 걸어 개방성을 높였다. 특이한 형상의 바위와 소나무 등 각종 정원수로 주변 경관을 정성 들여 가꿨다. 계곡물이 많을 때는 세연정을 가운데 두고 사면이 연못이 되게 만들었으며, 정자 사방을 빙 두른 주변 경관이 매우 아름답다.

　세연정 인근에는 각각 동대와 서대로 불리는 단이 조성되어 있다.

나선형으로 오르내리는 구조인데, 기록에는 연회시 무희가 양편에 올라서서 노래를 부르기도 했다고 한다.

이곳 연지에는 수위를 조절하는 특별한 장치가 있다. 연지에 물을 공급하는 방식은 두 단계로 이뤄진다. 먼저 계곡물을 막아 일차로 물을 가둬서 임시 저수지를 형성한다. 이를 계담이라고 불렀다. 계곡 쪽 연못이라는 뜻이다. 그다음 단계로 계담에서 다시 연지 쪽으로 물이 흘러 들어가도록 했다. 이 특별한 물 공급 방식은 호수의 수면을 잔잔하고 고요하게 유지하려는 목적이다. 물살이 센 계곡물이 직접 연지로 들어오면 물결이 일고 소란스러워지니 물을 한번 받아서 속도를 누그러뜨리고 들여보내는 방식이다.

임시 저수지인 계담에서 연지로 물을 들여보내는 장치도 세심한 계산을 거쳐 설치됐다. 계곡 쪽 물이 들어오는 입구는 물구멍을 다섯 개 두고, 연지 쪽으로 물이 빠져나가는 출구는 세 구멍을 만들어 숫자를 서로 달리한 것이다. 이렇게 하면 연지로 들어가는 물의 양을 조절할 수 있다.

특히 감탄스러운 대목은 연지로 물이 들어가는 입수구는 경사를 높게 설정해서 입구와 출구의 낙차로 물이 쉽게 유입되도록 한 것이다. 또한 연지에 들어온 물이 바닥 쪽으로 깔리도록 함으로써 호수 표면에 물결이 생기지 않도록 했다. 물 표면은 잔잔하게 유지되면서도 자동 수위 조절이 가능한 구조를 갖춘 것인데 이를 회수담이라고 했다.

이 정도의 세심한 계산과 고려가 깃든 연못은 흔치 않다. 이 연못에서 뱃놀이도 했다고 하는데, 세연정과 세연지가 호화로운 공간이었음은 틀림없어 보인다.

판석보_굴뚝다리 (2019. 11. 완도 보길도)

시골마을 오래된 건축 뜯어보기

굴뚝다리(판석보)

　나는 보길도 윤선도 원림에 두 번 다녀왔는데 처음 답사시 가장 보고 싶었던 구조물이 바로 판석보였다.

　판석보는 연지를 건너서 세연정으로 가는 다리다. 그런데 이 다리는 평범한 다리가 아니다. 판석보는 이중 기능을 갖는다. 평상시에는 정자로 이동하는 통로 구실을 하지만, 비가 많이 와 계곡물이 불어날 때는 물막이 보 기능을 한다. 그래서 이 구조물의 이름도 두 개다. 판석보 또는 굴뚝다리로 부른다.

　판석보는 평평한 판석으로 쌓은 보라는 뜻이고, 굴뚝다리는 상류주택의 구들에서 연기가 지나는 연도나 굴뚝을 만들 때처럼 넓적한 판석으로 만들었다고 해서 붙여진 이름이다.

　판석보이자 굴뚝 다리인 이 구조물은 크고 넓적한 판석을 양편에 세우고 생석회로 속채움을 한 다음 다시 판석을 덮어서 만들었다. 이 판석보는 우리나라 전통 건축에서 이곳 윤선도 원림에서만 볼 수 있는 독특한 구조물이다. 하나의 구조물로 두 가지 기능을 충족한 아이디어가 돋보인다.

동천석실 밑에 있는 온돌방 (2021. 7. 완도 보길도)

동천석실 권역

부용동 안쪽 주거지인 낙서재에서 맞은편 방향의 산 중턱에 지은 정자가 동천석실이다. 동천석실은 보길도 윤선도 원림에서 경관이 가장 아름다운 위치를 차지했다. 울창한 등산로를 지나면 나타나는 깎아지른 듯한 암반 위에 지어놓은 단 한 칸짜리 건물이다. 주인 혼자 사용하는 공간이며, 부용동 골짜기 전체가 한눈에 들어온다. 내려다보는 풍광이 극도로 아름답다.

동천석실이라는 이름은 신선이 사는 곳을 상징한다. 당시 선비들의 도교적 취향이 나타난다. 동천석실 바로 밑에는 한 칸짜리 온돌방을 넣은 작은 건물이 한 채 더 있다. 온돌방 문을 열고 앉으면 역시 푸른 하늘과 부용동 골짜기 전체가 펼쳐진다. 마루로만 바닥을 마감한 동천석실과 달리 구들을 놓고 아궁이를 만들어 윤선도가 쉴 수 있도록 했다.

동천석실과 온돌방 왼쪽 비탈지 위로는 작은 인공연못이 있는데 생활용수로 사용하기 위해 둑을 막아 만든 것이다.

동천석실 권역은 보길도 윤선도 원림의 매력을 가장 잘 느낄 수 있는 곳이다. 성리학자이자 시인인 윤선도의 취향이 극명하게 드러나는 공간이다.

곡수당과 연지(2021. 7. 완도 보길도)

시골마을 오래된 건축 뜯어보기

낙서재와 곡수당 영역

부용동 골짜기 가장 안쪽에 살림집 구역이 있다. 윤선도가 생활하고 생을 마감했던 낙서재가 있고, 그 왼편으로는 높게 돌담을 쌓아 보호한 사당이 보인다.

그런데 이곳 사당의 위치는 특이하다. 일반적으로 안채(정침)의 오른쪽 뒤편에 사당이 위치하는데 윤선도 원림에서는 거꾸로 안채 왼편 뒤쪽에 있다.

이는 마을과 집 자체가 북향이기 때문이다. 즉, 방위상 정침의 동편에 사당을 배치한다는 '주자가례'(예법을 다룬 서적)의 원칙을 따라 옳게 배치됐지만, 향이 북향이라서 뒤집혀 보이는 것이다.

전통 건축에는 생각보다 북향집이 많다. 풍수지리에 따라 남향이나 동서향이 더 선호된 것이 사실이지만, 실제로 집을 지을 때는 이론적인 선호 방향보다는 산세와 지형의 여건을 따랐기 때문이다.

낙서재 아래쪽으로는 곡수당과 서재가 있다. 곡수당은 낙서재에서 내려오는 물이 굽이치는 위치에 지은 집이다. 윤선도의 아들이 사용한 공간이다. 곡수당 인근에 지은 서재는 윤선도에게 가르침을 받는 유생들의 배움터였다고 한다. 서재는 맞배지붕에 가운데 대청마루를 두고 양측에 온돌방을 들였다.

곡수당과 서재 앞에 있는 아기자기한 조형물들이 눈길을 끈다. 곡수당 건물 우측에는 깊게 석축을 쌓아 만든 사각형의 연못이 있다. 이 연못에

물을 끌어오는 장치가 이색적인데, 통나무를 베어 속을 파내고 길게 이어서 물길을 만들었다.

또 계곡물이 굽어 흐르는 위치에 석축을 튼튼하게 쌓고 돌다리를 두 개나 만들어 놨다. 강우량이 많아 계곡물이 불어날 때를 대비한 것이다. 대형 판석을 사용한 평석교와 홍예를 튼 홍예교가 위아래 나란히 설치되어 있다.

17

—

오늘의 영광이 된 100년 전의 외면
순천 낙안읍성 민속마을

낙안읍성은 조선 후기 읍성의 모습이 잘 보존된 곳이다. 성곽뿐 아니라 관공서와 민가까지 함께 보존된 경우는 흔치 않은데, 이곳은 모두 남아 있어 당시 생활상을 생생하게 엿볼 수 있다. 낙안읍성은 건축 답사 코스로 좋은 곳만은 아니다. 넓은 들판과 낮은 산자락이 어우러진 풍경과 읍성 안팎의 여유로운 경관으로 산책코스로도 인기가 높다.

자주 봤다고 잘 안다고 착각할 일이 아닌 것 같다. 나는 낙안읍성에 여러 번 다녀왔지만, 그 가치를 제대로 안 지는 오래되지 않았다. 대학 1학년 시절 학보사 엠티로 왔을 때에는 이런 곳이 있는지도 몰랐으니 낯설기만 했다. 성곽 상면 길(성상로)을 걸으며 촌스런 흰색 단체티를 입고 찍은 사진이 생각난다. 그때는 초가집들만이 군데군데 몰려 있었고, 바람에 흙먼지가 뿌옇게 날린 기억뿐이다. 지금 생각하면 아마도 당시 복원공사가 한창이었던 듯하다.

10여 년쯤 전일까, 아버님 살아 계실 때 모시고 읍성 주막에서 약주를 대접해 드린 기억이 있다. 그때가 귀한 답사였구나 싶다. 세 번째는 7년 전 한옥 목수로 일하러 와서였다. 역시 일하느라 바빴지, 읍성 내부를 자세히 돌아보지는 못한 채, 인상적인 장면 사진만 몇 컷 찍은 것 같다.

오히려 이곳을 자세히 알게 된 것은 그 후 문화재와 전통 건축을 도면과 논문, 책으로 공부하고 나서였다. 낙안객사의 구조가 특징적이고, 감옥시설이 복원되어 있으며, 읍성 내 여러 시설의 배치가 어떤지 등은 그때에서야 제대로 알게 됐다. 결국, 내부 시설을 자세히 돌아보게 된 것은 장흥에 귀촌한 후인 2년 전의 일이다. 그러니 자주 봤다고 잘 아는 것도 아니고, 가깝다고 더 정확하다는 보장도 없다. 세상일에 겸손할 일이다.

읍성 내부

낙안읍성은 넓은 들판을 앞에 두고 큰 산이 뒤를 받치는 지형에 위치했다. 북쪽과 좌우를 산 능선이 감싸고 앞은 논밭이 펼쳐진다. 앞으로 더 나가면 순천만과 여수, 고흥이 접한 바다로 연결된다. 즉, 낙안읍성은 곡창지대와 해산물 풍부한 갯벌을 앞에 두고 산 아래에 있다.

읍성의 생김새는 가로로 긴 사각 모양이자 모서리가 둥근 타원형이다. 전국의 읍성이 대체로 이와 비슷한 형태다. 성벽에는 각 방위 별로 성문을 설치했다. 주요 출입문이 남문이 되는 경우가 많고, 북문은 대개 산에 막혀 있으므로 생략하거나, 있더라도 사용하지 않는 일이 흔하다. 성문중에 동문은 관리들이, 서문은 일반 백성들의 사용이 잦았다. 이 경우 서문 밖에 시장이 들어서기도 했다. 한양도성은 좀 달랐는데 영호남의 물류와 상인들이 흥인지문(동대문)으로 드나들었기 때문이었다.

낙안읍성은 조선 초기에 토성으로 축성됐다가, 1626년 석성으로 개축됐다. 전국 대부분의 읍성도 이와 비슷한 변화를 겪었다. 다만, 지금 남아

낙안읍성 민가 (2019. 10. 순천)

있는 지방 읍성들은 대개 조선 후기 상업이 발달하고 지방경제가 부흥하던 때 대대적인 개보수를 거친 것들이다. 이후 일제 강점기에 훼손됐다가 지난 30-40년 사이 다시 보수복원공사를 거쳐 지금 모습을 갖췄다.

읍성의 내부 도로는 크게 세 갈래 길이 연결된 구조다. 주요 출입문인 남문에서 진입하는 길이 있고, 이 길이 동서 대문을 가로로 연결하는 대로와 만나 전체적으로 'T'자형 중심가가 형성된다. 낙안읍성도 이와 같다.

낙안읍성 내부에는 중심가를 기준으로 주요 건물들이 배치되어 있다. 동서대로 중앙부 위쪽에 관공서들이 자리하고, 밑으로 남문에서 가까운 곳에 민가가 형성됐다. 이 역시 다른 읍성들 모두 유사하다.

성곽의 구성

성곽은 기본적으로 전투를 위한 시절이다. 읍성의 위상과 규모, 전략적 중요도에 따라 정도의 차이는 있지만, 대부분의 읍성은 전투 관련 기능이 촘촘하게 설정되어 있다.

성문은 전투에서 적의 공격이 집중되는 곳이니 특별한 대비가 필요하다. 성벽을 쌓더라도 성문 주위는 더 크고 견고한 돌로 튼튼히 쌓는 것도 이 때문이다. 낙안읍성 성문 앞에는 또 한 겹의 성벽이 한 팔로 끌어안듯이 반원형으로 쌓아져 있다. 이를 옹성이라 한다. 옹성은 성문에 근접한 적군을 에워싸고 성벽 위에서 공격해 격퇴하기 위한 시설이다. 수원화성 팔달문의 옹성은 두 팔로 보듬은 것처럼 둥근 모양이다.

성벽과 성문 (2019. 10. 순천)

낙안읍성 성벽과 옹성은 규격이 큰 자연석으로 쌓았다. 돌이 생긴 대로 서로 밀착해서 쌓고 경우에 따라 약간씩 다듬어 빈틈없이 맞춘다. 사이사이 작은 끼움 돌을 끼워 견고성을 확보했다.

성벽 상부에는 네모지고 작은 돌을 따로 골라 쌓은 낮은 담장이 있다. 여장이다. 적의 공격이 시작되면 병사들이 몸을 가려가며 총이나 활로 전투를 벌이는 시설이다. 여장은 일정한 간격으로 사이를 띄워 적의 동태를 살필 공간을 뒀고, 하나의 담장마다 두세 개씩의 총구멍도 내놨다.

사각 창문처럼 만든 구멍은 밑이 평평한 원총안과 밑이 밖으로 경사지게 만든 근총안으로 나뉜다. 원총안은 멀리 있는 적을 공격할 때 사용하고, 근총안은 성벽 밑까지 온 적을 공격할 수 있게 했다.

낙안 읍성은 성벽 위로 난 산책로가 일품이다. 이곳을 걸으며 성 전체를 한 바퀴 돌 수 있는데 성 안팎의 경치를 모두 즐길 수 있어서 탐방객들의 필수 코스다. 성 위에 난 길이라 해서 성상로라 부른다. 성상로 바닥은 성 안쪽으로 경사를 둬서 빗물이 성벽 밖으로 흐르지 않게 했다. 성벽 훼손을 방지하기 위한 일반적인 조처다.

관공서들

낙안읍성 동서대로 위 중앙부에는 오른쪽에 객사와 왼쪽에 동헌이 있다. 이 두 건물은 읍성에서 가장 중심이 되는 건물이다. 동헌은 고을 수령의 집무 공간으로 잘 알려져 있으나, 객사는 왠지 낯선 건물이다.

그러나 유교 국가인 조선 사회 위계로는 정치적 상징성 면에서 객사 건물이 더 중요한 의미를 갖는다. 객사는 객관이라고도 했는데, 당시의 지방 고급 호텔쯤으로 볼 수 있다. 중앙에서 파견한 관리나 출장 중인 행정관들이 객사의 좌우 방에서 머물렀다. 보통은 좌우 방에도 위계를 정해서 동쪽 방인 동익헌에 고급 관료가, 서익헌은 하급 관료가 사용했다. 그런데 호텔이 무슨 대수냐 싶을 수 있지만, 객사는 단지 숙소만은 아니었다. 건물 중앙에 임금의 궐패를 안치하고 지방 수령이 매월 초하루와

낙안읍성 객사 (2019. 10. 순천)

보름에 정기적인 예를 올렸던 장소다. 임금의 교지를 받는 곳도 여기였다. 즉, 객사는 임금의 중앙 통치 권력이 지방에 관철되고 있음을 상징하는 정치적 장소로서 관청의 핵심 시설이었다.

그러므로 객사 건물의 한 중앙은 좌우 온돌방보다 위상이 더 높다. 이를 반영해 지붕을 좌우보다 높이거나, 중앙 칸 앞에 월대라는 별도의 단을 내밀어 쌓아 격식을 갖췄다. 낙안읍성 객사도 중앙 세 칸의 지붕을 좌우보다 더 높이고 강조한 모습이다. 객사는 조선 초기 전국 360개 군현으로 행정

낙안읍성 옥사 (2019. 10. 순천)

시골마을 오래된 건축 뜯어보기

구역을 개편하고 지방관을 파견할 때 의무적으로 설치한 건물이다.

동헌은 지방 수령의 집무 공간이다. 공무를 집행하는 외아와 사생활 관사인 내아로 구성된다. 낙안읍성에도 동헌의 각 시설이 복원되어 있다. 동헌 주위로는 이방을 비롯한 행정 서리들의 근무처와 각종 건물이 들어서 있다.

낙안 읍성에는 관아 부속시설로 옥사도 복원되어 있다. 죄수 격리 수용시설로 여름 옥사와 겨울 옥사로 설계되어 있다.

그 밖에도 읍성과 그 주위에는 교육 시설과 각종 제례 시설들이 있다. 지방 공립 교육기관인 향교는 대개 읍성 밖 오리(2km) 내외의 경관 좋은 위치에 만들었다.

민가들

낙안읍성 내부 남쪽 지역에는 옛 민가 수십 채가 마을을 형성한 모습이 그대로 보존되어 있다. 문화재로 지정된 가옥들을 포함해 모두 초가집 형태이며, 지금도 주민이 거주하고 있는 집도 많다.

평면 구성은 3칸짜리 '一'자 집으로, 부엌과 방이 연접한 간략한 구조다. 이는 전라도 남해안 민가의 전통적인 구조다.

이처럼 평면이 작은 구조에서는 가족이 늘면 별도의 작은 채를 마당 한 편에 지어서 공간 부족 문제를 해결했다. 마당의 대문 입구에는 따로 측간(화장실)을 두고 퇴비를 만드는 공간과 가축을 기르는 외양간을 함

낙안읍성 민가들 (2019. 10. 순천)

께 두기도 했다.

지금도 낙안읍성 안에 있는 민가 중에는 마당 한 편에 장독대와 채소밭을 옛 모습 그대로 사용하는 집이 있다.

낙안읍성 내 민속 마을에는 40년 쯤 전까지도 전국 시골 마을에 흔했던 조선 후기식 민가의 구조가 그대로 남아 있다. 집과 집 사이 골목길과 돌담도 원래의 형태대로 유지되고 있어 마치 타임머신을 타고 100년 전으로 돌아간 느낌이다.

오늘의 영광이 된 100년 전의 외면

낙안읍성은 인기 있는 관광코스다. 내외국인 모두 찾는 사람이 많고, 전통 민가에서 민박을 즐기는 수요도 높다. 이런 인기의 비결은 읍성을 구성하는 여러 요소가 잘 보존된 덕분일 것이다.

그런데 낙안읍성을 포함해 훼손을 면하고 살아남은 읍성들이 누리는 인기는 역설적이다.

일제 강점기에 총독부는 자원 수탈과 전쟁 준비를 위해 대대적으로 철로를 개설하고 지방 도시와 도로를 재정비했다. 이때 수많은 지방 읍성이 훼철되고 신시가지와 일본 상인들의 상권으로 대체됐다.

그런데 지방 읍성 중에는 당시 새로 놓인 철길이 읍성을 비켜 가고, 철길을 따라 새로운 중심지가 따로 만들어지면서 발전에서 소외된 채 공동화되는 경우가 있었다. 이들 읍성은 해방 후 산업화 시기에도 개발에서 소외됐고 옛 모습 그대로 정체했다. 그 대표 사례가 바로 낙안읍성이다. 철길이 낙안읍성을 비켜 가면서 인근 벌교에 철도역이 생긴 것이다. 그 후 벌교가 신도심으로 발전하면서 낙안읍성은 중심 행정지로서 기능을 상실하고 박제된 도시처럼 낙후된 것이다.

그러나 다시 시간이 흘러 옛날의 정체 덕분에 낙안읍성은 이제 새로운 관광명소가 됐다. 100년 전의 외면과 소외가 오늘의 영광이 된 셈이다. 관광지로서 낙안읍성의 앞날은 밝아 보인다.

18

이 구역 NO.1
강진 무위사 극락보전

강진 무위사 극락보전은 조선 초기 목조건축 기법을 전하는 사찰 주불전으로 희소성 높은 건물이다.

한국 목조건축에서 오래된 건물로는 고려말이 가장 이르다. 그런데 아쉽게도 이 시기 건물은 전국에 몇 채 안 남아 있다. 안동 봉정사 극락전, 영주 부석사 무량수전, 예산 수덕사 대웅전 등이 해당한다. 조선 초기 건물도 드물기는 마찬가지인데 무위사 극락보전은 조선 초기 주심포계 건물의 구조기법을 보여주는 건물이다. 국보(13호)로 지정되어 있다.

주심포

주심포는 다포에 대비되는 용어다. 기둥 위에 날카롭게 깎아서 짜올려 놓은 부재를 공포라고 한다. 이 공포가 기둥머리 위에만 있는 것이 주심포다. 이에 반해 기둥 위는 물론, 기둥과 기둥 사이로도 몇 개씩 더 얹으면 다포가 된다. 주심포계 양식이니, 다포계 양식이니 하는 구분법은 이를 기준으로 한다.

이 구분법은 건물 건립 시기와 구조적 특징을 파악하는 수단이다. 주심포와 다포는 각각 유행했던 시기에서 차이를 보이고, 건물 구조법이 확연히 다르기 때문이다.

좀 단순화해서 말하면, 주심포 양식이 좀 더 고식 기법이다. 고대부터 고려말 조선초까지 쓰이다가 점차 소멸하면서 다른 기법으로 대체됐다.

반면, 다포양식은 고려시대 원나라 간섭기를 거치며 등장했다가 조선시대 들어서 권위 있는 건물들 대부분에 채택되면서 주심포를 밀어내고 대세로 자리 잡았다.

무위사 극락보전은 바로 그 소멸하면서 변형 중인 시점의 주심포계 법식을 보여주는 사례다.

무위사는 신라시대에 개창 한 절이다. 국립공원 월출산의 정남향 가장 좋은 자리에 들어선 초기 사찰이다. 뒤로는 월출산 경관을, 앞으로는 자원 풍부한 강진만을 끼고 섰다. 절 입구에 있는 이름도 근사한 마을 월하리는 수백 년 넘게 오랫동안 무위사와 연계 맺으며 유지된 사하촌이었을 수 있다. 오래된 사찰 인근에는 절이 보유한 땅으로 농사짓는 사람들

무위사 극락보전 (2021. 6. 강진)

의 마을이 있었다.

무위사 극락보전에는 조선 초기에 그린 벽화도 있다. 지금은 벽체 그대로 뜯어내 보존 전시하고 있다. 미술사에 관심 있는 사람이라면 내가 건물을 꼽은 것 이상으로 그 벽화를 좋아할지 모른다.

오래됐다고 다가 아니다. 무위사 극락보전은 단아하면서 위엄있다. 이 건물에는 여말선초 건물의 우아함이 살아있다. 이전 시기인 수덕사 대웅전이나 부석사 무량수전에 비해 화려함은 좀 덜어냈지만, 대신 간결하고 담백한 멋이 일품이다. 나는 이 건물을 보고 있으면 절 경내와 골짜기 전체가 이 한 채로 꽉 차게 느껴진다.

여말선초 건물들은 후대 건물에 비해 내외부 치장이 덜한 게 사실이다. 이 시기에는 아직 그런 유행이 없었다. 대신 집의 비율과 균형에 집중하고, 목재를 깎고 짜 맞추는 과정 자체를 섬세하게 조율해서 지었다. 언뜻 보면 조선 중후기 건물에 비해 소박한 듯 보일 수 있지만, 사실은 전혀 그렇지 않다.

여말선초 건물들은 극강의 공을 들여 부재를 만들고 다듬은 후 무심히 노출시켜 놓고 더 이상의 치장은 하지 않는다. 그래서 이 시기 건물은 후대에 비해 오히려 기품이 있다. 안 꾸민 것 같지만 정제된 화려함이 있다.

조형미

조형적 완성도 면에서 후대보다 이른 시기 건물에 더 공력이 들어간 배경을 두고 여러 설명이 있다. 그중 하나는 이 시기의 예불 의식과 연관해서 보는 것이다. 이른 시기 예불은 실내가 아닌 불전 앞마당에서 하는 '야단법석'이 일반적이었다. 불전 실내 마룻바닥에 앉아서 예불하는 방식은 조선 중기 이후에 안착한 것으로 본다. 불전 바닥에 마루가 사용되기 시작한 것도 이 시기 와서였다. 실제로 조선 초기 건물인 무위사 극락보전 실내 바닥은 마루가 아닌 전돌(보도 블록처럼 생긴 구운 벽돌)이 깔려있다.

불전 앞에서 하는 법회는 거대한 궤불을 걸고 했다. 무위사 극락보전 앞에도 두기의 궤불 지주가 서 있다. 돌로 된 깃발 꽂이에 천으로 된 대형 불화(궤불탱화)를 걸고 마당에서 법회를 한 것이다.

이렇게 실외에서 건물을 바라보며 하는 법회가 일반적이던 시기에는 밖에서 보이는 건물의 조형적 완성도가 중요했다. 이는 실내 예불이 일반화된 조선 중후기의 불전 건물들이 공통적으로 실내의 불상 근처가 화려하게 장식된 것과 비슷한 맥락이다.

무위사 극락보전도 마찬가지다. 측면 벽체를 보면 지붕 가구 부재(지붕틀을 받치는 보, 도리, 대공 등의 구조부재)가 섬세하게 가공된 것이 보인다.

이 시기 건물의 빼어난 아름다움은 이렇게 구조부재들의 가공과 치장에 잔뜩 공을 들인 다음, 그대로 노출해 장식미를 확보한 데서 비롯한다.

그 결과 무위사 극락보전은 전체적으로 간결하고 절제된 구조미가 일품
이다.

　무위사 극락보전은 600년 가까운 세월 이전의 목조건축 정보를 전달
하는 타임캡슐이다.

19

—

170년 전 고품격 정자
보성 강골마을 열화정

　보성 강골마을에 있는 열화정은 170년 쯤 된 멋진 정자다. 열화정은 마을이 한창 번성하던 시기에 지어져 그 후로도 몇 세대 동안 주민들이 애용하던 시설이었다. 이 건물이 들어서던 때의 마을 풍경은 지금 하고는 많이 달랐을 것이다. 그때는 마을 앞까지 바닷물이 들어 왔다. 1930년대에 간척사업으로 방조제가 만들어지면서 넓은 들판이 생기고 마을 경관도 바뀌었지만, 오랫동안 이 건물은 바다를 내려다보는 해안가 마을의 정자였다. 열화정은 조선 후기 남해안 마을 정자로 정원과 함께 건립 당시의 모습이 잘 남아 있어 문화재로 지정됐다.

마을의 성장

　이씨 집성촌으로서 강골마을은 16세기 후반 광주 이씨가 입향하면서 시작됐지만, 씨족 마을이 커진 것은 19세기에서 20세기 초로 보인다. 이 마을에는 열화정 외에도 이금재 가옥, 이용욱 가옥, 이식래 가옥 등 문화재로 보호되는 건물들이 더 있다. 세 건물은 모두 마을 성장기에 지어졌다.

　강골마을은 간척사업으로 넓어진 농토를 앞에 두고, 득량역과 예당역을 양옆에 낀 교통편리를 누리며 번성했다. 비슷한 시기 전국의 농촌 마을 중에는 이처럼 교통이 편리한 지역에 농토를 가까이 두고 성장한 사례가 많다. 이는 그 전 시기 마을들이 규모 있는 산을 끼고 한적한 곳에 들어섰던 것과 비교된다. 마을 성장의 시대적 변화인데, 강골마을은 바로 그 시기에 확장된 곳 중 하나다.

언덕 위의 열화정

　열화정은 강골마을 뒷산에 자리 잡았다. 마을 뒤 오솔길을 따라 걸어 올라가면 계곡 위 한적한 언덕배기에 정자가 보인다. 언덕에 올라 대문을 열고 마당에 들어서면 당당하게 우뚝 서 있는 건물이 나타난다. 건물 기단이 하도 높아서 고개를 들고 쳐다보게 된다.

　열화정의 석축 기단은 민가 건축에서는 흔치 않게 높다. 기단을 이토

강골마을 열화정 (2021. 1. 보성)

열화정 누마루 (2021. 1. 보성)

시골마을 오래된 건축 뜯어보기

록 높게 쌓은 이유는 집이 숲에 묻혀 답답해지지 않도록 시야를 확보하기 위함이다. 열화정은 계단이 높아지긴 했지만, 전망이 탁 트였다. 마루에 앉으면 마을이 내려다보인다.

　　열화정은 온돌방과 누마루를 갖춘 꺾인 집이다. 'ㄱ'자 평면에 지붕은 화려한 팔작지붕을 했다. 실내는 2칸의 온돌방을 가운데에 두고 앞뒤로 퇴칸을 덧붙였다. 꺾인 부위에는 폭 1칸에 길이 2칸의 누마루를 설치해 돌출시켰다. 이 누마루가 열화정의 중심 공간이다. 열화정이 후학 양성소로 쓰일 당시에는 이곳 마루에서 수업도 하고, 마을 사람들의 일상적인 회합도 여기서 했을 것이다.

　　높이 쌓은 축대로 마루가 한껏 높아졌으므로 그대로 두면 불안하다. 안정감을 위해 돌출한 누마루 전체를 둘러서 난간을 설치했다.

아름다운 처마와 구조적 안정성

　　난간 전면 모퉁이 끝에는 높은 장주 초석을 받쳐 두 개의 활주를 세웠다. 활주는 지붕 처마 끝이 처지지 않도록 세운 보조 기둥이다. 활주를 받치는 장주 초석은 돌을 길게 깎아 세운 초석인데, 기둥 부식을 막기 위해 빗물에 노출되는 하부를 돌로 대체한 것이다.

　　추녀를 받치는 활주를 세우니 건물이 안정감 있게 보인다. 실제로 누마루 쪽 지붕은 처마가 길게 내밀어진 반면 폭이 좁아서 언뜻 보기에도 구조적으로 불안해 보인다.

건물 폭이 좁은 조건에서 처마 내밀기가 길어지면, 지붕에 설치한 추녀와 서까래의 뒷길이를 길게 할 여유가 부족해 구조적으로 취약해진다. 보통 추녀와 서까래는 기둥에서 내민 길이의 1.5배 이상 뒷길이가 확보돼야 뒤 누름이 안정적이기 때문이다.

열화정 누마루 쪽 지붕이 불안해진 것은 폭에 비해 건물이 너무 높아졌기 때문이다. 시야 확보를 위해 석축을 높게 쌓으면서 새로운 문제가 생긴 것이다. 건물이 높아지면 아래쪽 목부재가 비바람에 노출될 위험도 커진다. 또 건물은 높은데 지붕이 작으면 비율이 흐트러져서 집이 어색해 보일 수 있다. 결국 빗물 피해를 막고 높이에 어울리는 지붕규모를 갖추기 위해 처마를 길게 내밀어야 했다. 그 결과 건물은 당당해졌지만, 구조적 약점이 생긴 것이다. 추녀와 서까래의 뒤누름 하중이 부족할 수 있어 처마가 처질 위험이 있다. 이 문제에 대응하는 실용적인 대처법이 추녀 밑에 또 하나의 기둥을 세워 받치는 것이다. 활주를 세움으로써 구조적 불안정을 해소하고, 시각적으로도 안정감을 얻었다.

누마루와 고식 분합문

열화정 누마루에 앉으면 마당과 높이 차이가 커서 이층집에 올라온 것처럼 주변이 멀리 내려다보인다.

마루 옆으로는 온돌방과 통하는 세살 분합문이 설치되어 있다. 고풍스러운 이 방문은 열화정이 지금보다 한참 이전 시기에 지어진 건물임을

열화정 들어열개 분합문 (2021. 1. 보성)

말해준다. 문짝의 하부 1/3쯤이 문살과 한지가 아닌 나무 판장으로 마감되어 있다. 이렇게 하부는 판재를 가공해서 끼우고 상부에만 가는 문살에 한지를 바른 문짝은 문 전체를 살과 한지로 한 것보다 오래된 고식 문짝이다. 일상 통행이나 물건 운반시 상하기 쉬운 문의 밑 부분을 보호하기 위해 좀 더 강성이 높은 판재로 마감한 것이다.

이런 문은 튼튼하지만, 방이 어두워지는 단점이 있다. 실내의 채광과 미감을 더 중시한 후대에 와서 이런 문짝은 점차 사라졌는데, 열화정에 남아 있는 것이다.

이 문의 개폐 방식도 고풍스럽고 멋지다. 세 짝으로 된 문 중에서 왼쪽 한 짝과 오른쪽 두 짝이 분리되도록 설치했다. 각각 서로 다른 방식으로 열고 닫는 구조다. 오른쪽 두 짝은 문을 연 다음 서로 접어서 위로 들어 올린 후 문짝을 걸게 되어 있다. 왼쪽 한 짝 문은 그 상태로 바로 들어 올려 걸도록 했다. 이런 문을 '들어열개 분합문'이라 한다. 더운 여름철에 문을 완전히 열어서 통풍 효과를 극대화할 수 있다. 또 많은 인원이 참석하는 모임이나 잔치, 또는 서당 수업을 할 때 모든 방문을 올려 걸고 마루와 방을 한 공간으로 연결해서 사용했을 것이다. 부농과 양반가의 사랑채에서 흔했다.

강골마을 열화정 마루 (2021. 1. 보성)

거꾸로 휘어 오른 대들보

분합문 위에 있는 대들보가 대담하게 위쪽으로 굽은 모습이 눈길을 끈다. 보통 민가에서 대들보는 아래로 굽은 형태로 쓰지 않고 이처럼 역방향으로 휜 상태로 설치했다. 이렇게 쓰는 것이 구조적으로 유리하기 때문이다. 대들보는 지붕 하중을 기둥으로 전달하는 핵심 구조재다. 집지을 나무를 치목(나무를 자르고 다듬고 파는 일) 할 때 굵고 강성이 좋은 것 중에서 맨 먼저 대들보감을 선별하는 것도 그 때문이다. 그런데 과거 목재 수급이 원활하지 않았을 때는 곧으면서도 충분히 굵은 대들보감이 없으면, 이렇게 굽은 나무를 사용하고는 했다. 목재 난은 특히 임진왜란 이후 심했다고 한다. 실제로 그 후 지은 사찰 건물들에서 이런 부재가 자주 보인다.

한편, 조선 후기 들어서 건축에 자연주의 경향이 확산할 때 굽은 대들보나 휜 기둥을 생긴 대로 사용하는 일이 많았다는 설명도 있다.

정확한 사용 경위야 어떻든 열화정의 대들보가 구조적 이점과 시각적 재미를 동시에 충족한 것만큼은 확실해 보인다. 휜 나무를 거꾸로 써서 지붕 무게로 보가 처질 위험을 줄이고, 발랄한 미감도 함께 얻었다.

열화정 툇마루의 안전장치

답사 당시 일행 중 한 분이 툇마루에서 열고 들어가는 방문이 너무 낮다고 물었던 기억이 난다. 나는 이 집을 지을 당시 주인이 마당 쪽 문을 주된 출입문으로 삼지 않았다고 여긴다. 이 문은 출입에 필요한 최소 높이를 의도적으로 확보하지 않았다. 문의 높이는 기둥 사이에 가로로 걸리는 긴 목재(인방) 중에서 맨 위 상인방의 위치에 달렸다. 상인방은 보통 기둥머리에 결구해야만 문짝의 필요 높이를 확보할 수 있다. 누마루 쪽 분합문 위 상인방도 기둥의 맨 윗부분에 걸려 있다.

그런데 열화정 마당쪽 문틀의 인방은 기둥머리에 있지 않고 중간 언저리에 설치됐다. 보행에 필요한 높이를 피하고, 일부러 낮춘 것이다. 즉, 이 문은 통행을 주목적으로 하는 출입문이 아니라 환기나 채광 또는 외부 관망 용도로 사용하는 창으로 만든 것이다. 방의 주 출입문은 누마루 쪽 분합문이다.

마당에서 올라오는 툇마루에 방 출입문을 두지 않은 것은 안전사고를 방지하려는 의도 같다. 열화정은 유난히도 높은 석축 위의 건물이니 이는 합리적 선택으로 보인다. 실제로 낮은 문을 열고 툇마루로 나와보니 마당보다 2미터 이상 높고 좁은 마루가 몹시 불안하게 느껴졌다. 누마루처럼 난간을 설치하려 해도 실용적이지 못하다. 따라서 넓은 대청마루쪽 세 살 분합문으로 주 출입문을 낸 것 같다.

마당을 향하는 툇마루 쪽 문을 낮게 만들어 놓으니 그 자체로 안전 장치 효과를 낸다. 이 문으로 애써 나오려고 하면 높이가 낮아서 허리를 숙

열화정 정원과 축대, 담장 (2021. 1. 보성)

이고 보행속도를 늦출 수밖에 없어진다. 이곳으로 다니려면 허둥대지 말고 잘 살피라는 메시지인 셈이다. 건축주의 세심한 고려가 느껴진다.

석축과 담장으로 꾸민 듯 안 꾸민 후원

열화정에는 건물 못지않게 잘 보존된 전통 정원의 정취가 있다. 열화정 후원은 한적하고, 기품있고, 청량한 느낌이 난다.

열화정 후원은 집 주위의 대나무밭과 원래 있던 높은 언덕을 그대로 두고 자연석 석축을 쌓아서 군데군데 나무를 심었다. 높은 대나무숲과 오래된 동백나무, 석축과 언덕이 어우러진 풍경이 자연스럽다.

열화정 후원은 기존 언덕의 기울기를 그대로 이용해서 조성했다. 경사가 급하지 않은 곳은 그대로 나무를 심어 경관에 어울리게 하고, 가파른 곳은 자연석으로 석축을 쌓아 동백나무나 백일홍을 심었다. 급경사 지대인 집 뒤쪽은 서너 단으로 나누어 석축을 쌓았다. 이 석축은 터가 넓어 장대한 길이를 형성했는데 지형과 어우러져 대숲의 정취를 더한다.

담장은 석축 이상의 포인트가 되고 있다. 담장은 후원과 집 밖 대나무숲의 경계 구분을 위해 언덕배기 전체를 빙 둘러서 쌓았다. 흙과 돌로 쌓은 토석담 위로는 기와를 얹어 마감했고, 경사 구간에서는 전통 법식 그대로 수평지게 층단 쌓기를 해서 정돈감을 높였다. 전통 담장은 경사지에 쌓더라도 담장 위 끝 선은 수평을 이루게 쌓는 것이 원칙이다.

급경사지에서는 담장 상면이 계단처럼 층지게 되는데 열화정 측면 담장에서도 이런 모습이 나타난다. 인공 담장이 대나무 숲과 어울려 정갈한 느낌이 난다.

열화정 후원에 적용된 조경 원리는 자연 상태의 지형에 최소한의 인공적 조경을 결합하고, 집 밖 대숲의 자연림과 조화를 이루게 한 것이다. 이 후원에서 담장 밖의 대나무 숲은 없어서는 안 될 필수 조경 요소가 된다. 집의 내부와 외부가 서로 조응하면서 천연스런 공간감이 만들어졌다. 안 꾸민 듯 꾸민 열화정 후원의 자연스러운 멋은 보는 사람을 편안하게 한다. 언덕에는 100년은 훌쩍 넘어 보이는 동백나무 몇 그루가 서서 후원에 기품을 더한다.

20

—

조선 국립 지방학교와 호텔
나주 향교와 객사(금성관)

향교와 객사는 조선시대의 국립 학교와 숙박시설이다. 이 건축들은 모든 지방 행정구역에 빠짐없이 설립된 공공건물이다.

향교는 일종의 국립 고등학교인데, 교육뿐만이 아니라 제사도 함께 지내는 곳이었다. 지금으로 보면 학교와 추모공원이 한 장소에 같이 있었던 셈이라 조금 낯설지만, 조선이 유교를 통치이념으로 삼은 국가였음을 생각하면 이해가 된다. 이 곳에서는 유학을 가르치며 인재를 양성하는 한편, 유교 사상을 보존하고 확산시키기 위해 저명한 학자들을 기리는 예도 올렸다. 그러니 유교 국가인 조선에서 향교는 매우 중요한 장소였다. 향교에는 설립 목적과 기능에 맞게 교육 공간과 제례 공간을 별도 건물로 각각 구분해서 지었다. 교육 공간에서는 과거시험 준비 학생을 가르치고, 제례 공간에서는 정기적인 제사를 지냈다.

객사는 지방 관청에 설치된 숙박시설이자 임금에게 정기적인 예를 올리던 시설이다. 객사도 향교처럼 역시 두 가지 역할이 있었는데, 두 기능을 한 건물에 합쳐 놓은 점이 서로 다르다. 객사의 숙박시설은 일종의 국립 고급 호텔이었다. 여기는 주로 외국 사신이나 지방 출장 중인 고위 관리들이 사용했다. 그러나 객사는 건물 중앙에 왕을 상징하는 패(나무 조각에 '궐'자, '전'자를 쓴 것)를 두고 지방관이 정기적인 예를 올린 곳으로도 중요했다. 그런 점에서 객사는 단순한 숙박시설을 넘어서 임금의 통치가 지방에 관철됨을 상징하는 정치적 장소였다. 따라서 모든 읍성 중심지에는 반드시 객사 건물을 짓도록 했고, 지방 수령의 집무실은 그 옆에 배치됐다.

향교와 객사는 감영이나 동헌 같은 행정기관은 아니지만, 중앙집권적 정치체제인 조선사회의 필수적인 관영 시설이었다. 지금도 전국 곳곳에 많은 수의 향교와 객사가 남거나 복원되어 있다. 이곳 나주에 있는 향교와 객사는 그중에서도 규모가 크고 격식이 높아서 일찍부터 그 건축적 가치를 인정받은 문화재들이다. 특히, 나주 향교와 나주 객사의 주요 건물은 학계의 관련 연구에서도 중요한 자료로 삼는 특별한 건물들이다.

나주향교

나주향교 대성전 (2017. 4. 나주)

국립 교육기관인 향교는 사립학교인 서원과 비교된다. 향교는 정부가 학식과 덕망을 갖춘 교사를 파견하고 논밭과 노비를 줘서 운영됐다. 반면, 서원은 사림이라 불린 지역의 유학자 집단이 운영한 사학이다. 그런데 향교와 서원은 여러 면에서 건축적인 차이가 있다. 건축이 들어선 입지와 환경만 봐도 둘은 서로 다르다. 서원은 지방 중심지를 벗어나 경치 좋고 한적한 계곡 같은 데에 지었고, 향교는 지방 행정 중심지 가까운 곳에 넓게 터를 닦아 세웠다.

나주 향교도 읍성에서 가까운 곳에 자리 잡았다. 읍성과 인근 마을에서 다니기 쉬운 입지를 택한 것이다. 나주 향교의 또 다른 특징은 드넓은 평지에 지은 점이다. 경사지가 아닌 평지 향교는 대체로 이른 시기에 들어선 대도시 향교의 특징이다. 나주 향교는 고려시대 전국 12개 지역에 처음으로 향교를 설치할 때 지은 것이다. 지금의 건물은 조선시대에 여러 차례 수리를 거친 것들이지만, 현재 건물은 조선 중기 건축양식을 하고 있다.

나주 향교는 전국 향교 중 규모가 가장 큰 것으로도 잘 알려져 있다. 성균관, 강릉향교, 전주향교 등과 함께 손에 꼽히는 향교 건축이며, 전국의 다른 향교들을 대표한다.

전국 대부분의 향교들처럼 나주 향교도 인근에 마을이 형성되어 있다. 조선시대에는 향교에 딸린 토지를 경작하고, 향교와 관련된 일을 하는 사람들의 마을이 향교와 함께 있었다. 전국 어디를 가도 반드시 있기 마련인 공통지명 교촌이나 교동은 여기서 유래했다. 나주 향교 도로명 주소에도 그 흔적이 남아 있다.

향교 배치유형의 차이

나주 향교는 높고 긴 담장과 별도 출입문으로 교육 공간과 제례 공간을 엄격하게 구분한 모습이다. 이런 외관은 다른 지역 향교들과 크게 다르지 않다. 그런데 흔치 않게 나주 향교는 제례 공간이 앞에 있고, 교육 공간이 뒤에 놓였다. 향교의 공간 배치유형은 두 가지인데, 교육 공간이 앞에 서고 제례 공간이 뒤면 전학후묘, 그 역순이면 전묘후학이다. 나주 향교 같은 전묘후학 배치법은 이른 시기 평지 향교에서 주로 보인다. 후대의 비탈진 경사지에 지은 향교들은 예외 없이 전학후묘이고, 전국 대다수 향교가 이 방식이다. 나주 향교 같은 배치는 극히 소수다.

향교 공간 배치 방식의 차이는 유교 예법이 지형에 따라 다르게 표현된 것이라 흥미롭다.

유교의 서열 중시 세계관에서 공자 위패가 있는 제례 공간이 교육 공간보다 상석이라는 점은 이해된다. 평지 향교에서 제례 공간이 앞에 서 있는 것은 그 때문이다. 서울 성균관을 비롯해 나주와 전주, 경주, 진주 같은 당시 대도시에 일찍 들어선 평지 향교들이 전묘후학 배치인 것도 그래서이다.

문제는 국토 대부분이 산으로 된 좁은 땅에서 넓은 평지에 향교를 신축하는 일은 제한적일 수밖에 없다는 점이다. 그러므로 위계와 서열을 중시하는 유교 예법을 경사지에서는 어떻게 구현하느냐 하는 문제가 생긴다.

해결책은 간단했다. 평지에서는 앞이 더 상석이지만, 경사지에서는 수평 거리상의 순서가 아닌 수직 높이 상의 위계를 중시했다. 즉, 경사지의 상석은 지대가 높은 뒤쪽으로 본 것이다. 그 결과 현재 전국 향교의 90 퍼센트 이상이 경사지에 지은 것인데, 이들 모두는 제례 공간이 뒤에 있는 전학후묘형 배치 방식을 했다.

결국, 향교를 평지에 지을 때 적용한 유교 예법이 경사지라는 지형 특성을 만나 변형된 것이다.

이처럼 건축을 볼 때 구조 기술만이 아니라 그 시대 관습, 종교, 사상 같은 인문학적 배경을 함께 알면 보는 재미가 배가된다.

대성전

나주 향교 제례 공간인 대성전은 공자와 유교 성인으로 추앙받는 학자들의 위패를 안치하고 정기적인 제례를 올리던 곳이다. 중국 유학자는 물론, 신라시대부터 이름 있던 한국 유학자들 위패도 따로 두고 함께 제례 했다. 이런 행사는 유교의 정치이념과 사상을 백성들에게 확산(교화)하는 의미가 있었다. 대성전 말고도 부속채로 동서무라는 건물이 있다.

나주 향교 대성전은 전국에서 규모가 제일 크고 건축사적 가치가 높아 보물로 지정됐다. 5칸 건물로 앞에 반 칸 너비의 빈공간을 뒀는데 이를 전퇴라고 한다. 제례를 올릴 때 대기하거나 의례를 준비하는 공간으로 모든 대성전 건물이 필수적으로 갖추는 곳이다. 5칸으로 나뉜 건물에는 홀수 칸에 출입문을 달았고 짝수 칸은 흙벽에 공기가 통하는 살창을 설치했다. 이 역시 난방이 필요 없는 제례 공간의 특징이다. 대성전에는

나주향교 대성전 (2017. 4. 나주)

공자와 중국 주요 유학자들 위패를 순서에 따라 안치했다.

동서무는 대성전 앞마당에 좌우로 있는 건물이다. 추가적인 중국 유학자와 한국 유학자들 위패를 각각 동무와 서무에 안치했다. 중요도에 따라 명단이 정해져 있고, 지방 행정구역의 위계와 규모별로 이곳에 안치하는 신위 숫자가 조금씩 달랐다. 동서무 건물은 폭이 좁고 길게 지었는데 일반 행랑처럼 생긴 외형이다.

나주 향교 대성전은 임진왜란 당시 성균관 대성전(문묘)이 불에 타서 이후에 다시 지을 때 이 건물을 참고해서 지었다고 할 만큼 가치 있는 건물이다. 실제로 두 건물은 건축 법식과 크기, 세부 요소가 서로 유사하다.

대성전 앞에는 넓은 대가 설치되어 있는데 이를 월대라고 한다. 월대는 의례 공간으로도 쓰고, 그 자체로 건물의 권위를 나타낸다. 왕이 사용하는 궁궐이나 격식 높은 유교 건물에 사용됐다. 나주 향교 대성전 월대를 오르는 돌계단도 다른 지역 대성전에 비해 월등히 고급스런 모양을 갖췄다. 돌 계단 양옆의 옆막이 돌을 소맷돌이라고 하는데, 자연스런 곡선으로 공들여 조각하고, 끝에는 연꽃 문양을 장식해 꾸며 놓은 것도 보인다.

또 나주 향교 대성전은 다른 대성전들이 전후면으로만 지붕이 있는 맞배 지붕인데 반해 화려한 팔작지붕을 한 것도 특징적이다.

명륜당

나주향교 명륜당 (2017. 4. 나주)

교육 공간의 핵심 건물은 강당인 명륜당이다. 일반적으로 명륜당에는 조정에서 파견한 교사가 학생들을 가르치는 강당이 있고, 양옆으로 교사가 생활하는 방이 함께 배치되어 있다. 또 명륜당 앞마당으로는 향교에서 공부하는 유생들의 기숙사라 할 수 있는 건물 두 동이 서로 마주 보고 배치됐다. 이를 동재와 서재로 불렀다. 상급반이 동재, 하급반이 서재를 썼다.

그런데 나주 향교 명륜당은 다른 지역 향교들의 명륜당 건물과 확연히 다를 뿐 아니라 훨씬 고급 격식을 갖춘 것이 눈에 띈다. 보통의 명륜당 건물은 통으로 된 하나의 건물에 가운데 넓은 마루를 깐 대청을 두고 그 양옆으로 온돌방을 들인 형태가 일반적이다. 이때 중앙의 마루는 강의 장소고, 양쪽 방은 교사의 숙소가 된다.

이와 달리 나주 향교 명륜당은 3칸짜리 독립 건물 3동을 약간의 간격을 두되 연이어서 지은 형태다. 가운데 건물은 지붕을 돌출시켜 격식을 높였고, 월대까지 설치한 모습이다.

이 같은 나주 향교 명륜당의 건물 형태는 조선시대 명륜당 중 비슷한 사례가 거의 없는 독특한 것이다. 이 건물처럼 세 건물이 일직선상에서 연이어지고 가운데 건물 지붕을 위로 돌출시킨 모습은 향교가 아닌 객사 건물에 일반적인 양식이었다. 가까운 예로 나주 객사 금성관의 형태도 기본적으로 이와 같은 구조를 했다.

건축 역사학계에서는 고려시대까지 이 같은 형태의 건물이 많았으며, 나주 향교 명륜당에 이른 시기 건축의 흔적이 남아 있는 것으로 보는 견해가 있다.

나주객사 금성관

　나주 객사 금성관은 규모와 건축양식, 세부 구성요소에서 다른 객사 건물들보다 빼어나게 화려하고 위엄을 갖춘 모습이다. 호남의 곡창지대이자 고려시대부터 이 지역의 전략적 요충지로서 지위를 나타내는 듯하다. 특히, 금성관 정청(가운데 건물)은 조선시대 객사 중 제일 큰 규모를 자랑한다. 정청의 지붕은 다른 객사 건물들의 맞배지붕과 달리 팔작지붕을 했고 건물 앞에 놓인 월대도 매우 격식 있게 조성됐다. 언뜻 보기에 고려나 그 이전 시기 궁궐 건물에 있는 전각과 유사한 외형으로도 보인다.

　현재의 금성관은 조선 초기 건립 이후 여러 차례 대규모 보수공사를 거친 건물이다. 건축양식은 조선 중기 모습이다. 이 건물은 역사적인 우여곡절도 많았다. 일제 강점기에 군청 등의 청사로 변형됐고 해방 이후에도 시청 건물로 쓰이던 것을 1976년 원래의 모습에 가깝게 복원한 것이다. 그럼에도 문헌상에 나타나는 건물의 원형이 잘 유지되고 있어 역사적 가치를 높게 평가받는 건물이다.

　객사 건물에서 중앙에 있는 건물을 정청이라 하고, 좌우에 있는 건물을 방향에 따라 동익헌과 서익헌으로 부른다. 익헌은 날개채라는 의미다. 가장 중요한 건물은 정청인데 이곳은 지방 수령으로 파견된 관리가 매월 초하루와 보름에 대궐을 향해 임금에게 예를 올리는 공간이다. 좌우 건물인 동익헌과 서익헌은 사신이나 출장 온 관원들이 숙소로 사용했다.

나주객사 금성관 (2017. 4. 나주)

익헌도 위계가 명확했는데 동익헌에는 상급 관리들이, 서익헌에는 그보다 하급관리들이 투숙했다. 이런 위계는 건물 자체에도 고스란히 나타난다. 일반적으로 객사는 정청의 위계를 가장 높게 하는 것만이 아니라, 동익헌과 서익헌도 등급을 둬서 격에 따른 차이를 표현했다. 금성관의 동익헌도 서익헌에 비해 칸수를 늘리고 지붕도 길게 설치했다. 상하 위계를 중시하는 유교 건축의 특징이 잘 나타난다.

나주객사 금성관 (2017. 4. 나주)

참고문헌 목록

1. 「한국건축대계 5. 목조」 보성각, 장기인.

2. 「한국건축대계 7. 석조」 보성각, 장기인.

3. 「한국건축대계 6. 기와」 보성각, 장기인.

4. 「한국건축대계 1. 창호」 보성각, 장기인.

5. 「한국건축대계 2. 벽돌」 보성각, 장기인.

6. 「한국건축대계 8. 재료」 보성각, 장기인.

7. 「한국건축의 역사」 기문당, 김동욱.

8. 「한국건축사」 고려대학교출판부, 주남철.

9. 「한국건축통사」 기문당, 대한건축학회.

10. 「영건의궤_ 의궤에 기록된 조선시대 건축」 동녘, 영건의궤연구회.

11. 「한국건축 개념사전」 동녘, 한국건축가협회 한국건축개념사전 기획위원회.

12. 「알기쉬운 한국건축 용어사전」 동녘, 김왕직.

13. 「한국건축답사수첩」 동녘, 한국건축역사학회.

14. 「보림사」 장흥문화원, 최인선 김희태 양기수. 2002.

15. 「장흥 천관사」 목포대학교박물관. 장흥군. 2009.

16. 「전통문화마을 장흥 방촌」 장흥군 방촌마을지편찬위원회. 1994.

17. 「장흥군의 문화유적」 국립목포대학박물관. 전라남도. 장흥군. 1989.

18. 「천불천탑의 불가사의와 세계유산으로의 탐색」 중 "운주사의 역사적 배경과 천불천탑의 제작 공정 복원론". 전남대 박물관, 황호균. 2014.

참여한 작업 및 목수 이력

2012년   청도한옥학교 대목수 과정 수료.

2013년
- 전남 장흥 보림사 대웅전 보수.
- 지리산 청학동 한옥서당 신축.
- 경남 산청 법당 신축.
- 경남 산청 한옥 살림집 신축.
- 전남 장성 군립 한옥도서관 신축.

2014년
- 국가지정 전통민속마을 '성주 한개마을 월곡댁' 사당 보수공사 참여.
- 국가지정 전통민속마을 '순천 낙안민속마을' 한옥신축공사 참여.
- 경북도지정 문화재 '청도 적천사' 누각 보수공사 참여.
- 전북 남원 '흥부정' 보수공사 참여.
- 경남 의령 살림집 신축공사 참여.
- 경북 의성 고운사 부대시설 신축공사 참여.

2015년
- 유네스코 지정 세계문화유산 '경주 양동마을' 정비공사 참여.
- 경북 안동 '대덕사' 일주문 신축공사 참여.
- 경북 안동 '봉황사' 누각 신축공사 참여.
- 국가지정 보물 '청도 적천사 괘불탱화 보호각' 신축공사 참여.

2016년 –
2017년
- 유네스코 지정 세계문화유산 '안동 하회마을 작천고택' 전체 해체보수 참여.
- 국가지정 국가중요민속문화재 '안동 번남고택' 전체 해체보수공사 참여.
- 예산향교 보수공사 참여.
- 전북고창 사찰 요사채 신축공사 참여.

2018년
- 전남 장흥 귀촌 후 전통 민가와 각종 촌집 리모델링 공사 진행.

2019년
- 전남 강진 '다강' 한정식 지붕 리모델링 공사 및 농가주택 수리 공사 함.

2020 –
2021년
- 고택 리모델링 공사 진행.
- 《한옥목수의 촌집수리》
  '시골집 사는 사람을 위한 전통민가 리모델링 매뉴얼' 출판.